全国高职高专土木工程专业规划系列教材

U0611266

土建 CAD 实例教程

主　编　王学军
副主编　王敬尊　胡玉梅　韩恒梅
　　　　杨　倩　胡媛媛

东北师范大学出版社
长　春

图书在版编目(CIP)数据

土建 CAD 实例教程/王学军主编. —长春:东北师范
大学出版社,2013.11
ISBN 978 - 7 - 5602 - 9435 - 3

Ⅰ.①土…　Ⅱ.①王…　Ⅲ.①土木工程—建筑制图—
AutoCAD 软件—高等职业教育—教材　Ⅳ.①TU204-39

中国版本图书馆 CIP 数据核字(2013)第 296949 号

□责任编辑:齐　磊　　□封面设计:刘　强
□责任校对:万英瑞　　□责任印制:刘兆辉

东北师范大学出版社出版发行
长春净月经济开发区金宝街 118 号(邮政编码:130117)
网址:http://www.nenup.com
东北师范大学出版社旗舰店:http://nenup.taobao.com
读者服务部:0431－84568069　0431－84568213
电子函件:sdcbs@mail.jl.cn
东北师范大学出版社激光照排中心制版

2018 年 1 月第 2 版　2018 年 1 月第 2 次印刷
幅面尺寸:170 mm×227 mm　印张:16.25　字数:390 千

定价:38.00 元

前　　言

本书内容符合国家教育部"关于全面提高高等职业教育教学质量的若干意见（2006年16号文件）"的基本要求，尤其体现了国家教育部教职成〔2011〕11号、教职成〔2011〕12号文件精神。本教材是编者多年教学实践经验的总结与升华。本书共分六个学习情境，每一学习情境需完成三至五个任务。六个学习情境主要包括初识Auto CAD、建筑制图要素绘制、建筑构配件绘制、装饰构配件绘制、建筑施工图绘制、三维绘图等，最大限度地满足了行动导向与任务驱动教学法的需求。

本书编写过程中力求突出以下几个方面的特点：

（1）培养学生能力为主、掌握知识为辅，任务在前、知识在后，构建了以完成工作任务为目标、突出技能训练、能力培养为主线的知识体系结构。

（2）融"教、学、做"为一体，满足行动导向与任务驱动教学法的要求。本书力求让同学们在完成任务过程中，实现"做中学"，获得学习的乐趣，激发学习的源动力。工作任务完成后，能够产生强烈的成就感。

（3）由易到难、先简后繁。遵照技能训练与对事物掌握的认知规律，选择适宜的工作任务作载体进行教学，并对使用中可能遇到的技术疑点，进行了疑难解答，以帮助同学们尽快掌握Auto CAD技能。

（4）贴近工程实际，选材适当。编写过程中，做到工作任务来源于工程实践，为生产实践服务。

（5）工作任务分析透彻，工作过程详尽、易操作，最后有总结，结合适量的习题进一步强化所学技能，产生知识拓展。

本书是面向高等职业院校建筑类专业，也可作为短期培训教材，建议授课时数为60—90学时，不同专业在使用时，可根据自身的特点和需要加以取舍。

本书由王学军任主编，胡玉梅、王敬尊、胡媛媛、杨倩、韩恒梅任副主编，熊森、张福峰、王振明、王丽艳、林呀、刘文慧、武海勇、姚瑞芳、刘杰参加编写。编写过程中得到了广大同仁们的鼎力支持，借教材出版之际，对各位领导、老师的积极参与及付出，表示衷心感谢，同时，对参考文献的作者也表示真诚的谢意。由于编者水平所限，书中不足之处在所难免，敬请读者批评指正，以便修订时改进，如读者在使用本书的过程中有其他意见或建议，恳请向编者踊跃提出宝贵意见。

编　者

内 容 简 介

　　教材编写以 Auto CAD2009 为基础，但其绘图思路也适合于 Auto CAD 其他版本。本教材是应目前高职高专课程教学改革需求及普及 Auto CAD 应用技术而编写的。

　　本书共分六个学习情境，每一学习情境需完成三至五个任务。六个学习情境主要包括初识 Auto CAD、建筑制图要素绘制、建筑构配件绘制、装饰构配件绘制、建筑施工图绘制、三维绘图等。在第五学习情境中还穿插讲解了天正建筑 TArch 软件在建筑施工图绘制中的应用技巧。讲解过程中，均从实例入手，以技能训练为重，重点培养同学们的操作技能与应用技巧。每项任务中做到了分析操作的重点，剖析难点，对重要的疑难技能点进行重点解答，并对用到的相关知识进行了简要介绍，目的是帮助同学们尽快具备应用 Auto CAD 进行建筑设计的能力。

　　本教材实例选择适宜、内容充实、条理清晰，能够满足高职高专院校当前课程教学改革需要，为推动行动导向教学和任务驱动教学的研究与应用提供了实用性教材。同时，本教材也非常适合 Auto CAD 初学者自学或广大工程技术人员参考选用。

目　录

学习情境 1　初识 AutoCAD

任务 1.1　五　角　星

【技能目标】

熟练掌握 AutoCAD 的基本操作，掌握 AutoCAD 的数据输入方法、命令输入方法；了解 AutoCAD 坐标系统；能够利用绘图命令及各种辅助工具绘制五角星。

【知识目标】

了解中文版 AutoCAD 2009 的基本功能，熟悉 AutoCAD 2009 的工作界面及各部分的功能，学会设置绘图单位、绘图界限和绘图环境，掌握绘图方法、选择对象、图形缩放方法等，灵活使用各种辅助工具快速、准确地绘图。

【学习的主要命令】

直线、正多边形命令；删除、选择实体方法；Zcom 缩放。

1.1.1　图形分析

五角星有五个角点，只要确定五个角点的坐标位置，再用直线将五个角点连接，就能绘出五角星，如图 1 - 1 所示。可以用输入点坐标的方法确定五个角点的位置，还可以用正五边形的五个角点来确定。

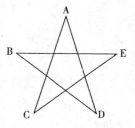

图 1 - 1　五角星

1.1.2　操作步骤

方法一：直线法

1. 操作方法

（1）在"绘图"工具栏中单击"直线"按钮 ，在视图中任选点 A，打开正交，向右移动鼠标，输入 100，确定，定出 B 点。

（2）输入 @100<-144，确定，定出 C 点。

（3）输入 @100<72，确定，定出 D 点。

（4）输入 @100<-72，确定，定出 E 点。

（5）输入 C，确定，完成绘制。

2. 命令显示

命令：_line 指定第一点：

指定下一点或［放弃（U）］：＜正交 开＞100

指定下一点或［放弃（U）］：@100＜-144

指定下一点或［闭合（C）/放弃（U）］：@100＜72

指定下一点或［闭合（C）/放弃（U）］：@100＜72

指定下一点或［闭合（C）/放弃（U）］：@100＜-72

指定下一点或［闭合（C）/放弃（U）］：C

方法二：多边形法

1. 操作方法

第一步：绘制正五边形

（1）在"绘图"工具栏中单击"正多边形"按钮 ⬠ 。

（2）输入边的数目 ＜4＞：5。

（3）指定正多边形的中心点或［边（E）］：（用鼠标指定中心点）。

（4）输入选项［内接于圆（I）/外切于圆（C）］＜I＞：I。

（5）指定圆的半径：50。

绘制结果如图1-2所示。

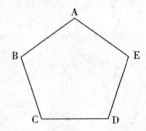 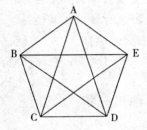

图1-2 绘制正五边形   图1-3 连接角点

第二步：绘制五角星

（1）按 F3 键打开"对象捕捉"开关。

（2）在"绘图"工具栏中单击"直线"按钮 ✎ ，按顺序捕捉 A→C→E→B→D→A，绘制五角星如图1-3所示。

第三步：删除正五边形

在"修改"工具栏中单击"删除"按钮 ✎ ，单击选中正五边形，确定，即可删除。

2. 命令显示：

◇绘制正五边形

命令：_ polygon 输入边的数目 ＜4＞：5

指定正多边形的中心点或［边（E）］：

输入选项［内接于圆（I）/外切于圆（C）］＜I＞：

指定圆的半径：50

◇连接角点

命令：＜对象捕捉 开＞

命令：_ line 指定第一点：

指定下一点或［放弃（U）］：

指定下一点或［放弃（U）］：

指定下一点或［闭合（C）/放弃（U）］：

指定下一点或［闭合（C）/放弃（U）］：

指定下一点或［闭合（C）/放弃（U）］：

指定下一点或［闭合（C）/放弃（U）］：

◇删除五角星

命令：_ erase

选择对象：找到 1 个

选择对象：↙

1.1.3　疑难解答

1. 如何启动 AutoCAD 2009?

答：启动 AutoCAD 2009 通常有下面三种方法：

（1）双击 Windows 桌面上 AutoCAD 2009 快捷图标，启动 AutoCAD 2009。

（2）选择【开始】菜单中的【程序】子菜单中"AutoCAD 2009"，启动 AutoCAD 2009。

（3）双击任一个 dwg 文件，或单击一个 dwg 文件，在右键菜单中选择打开即可。

2. 如何启动 AutoCAD 2009 绘图命令?

答：启动 AutoCAD 2009 绘图命令主要有三种方法：

（1）菜单法

"绘图"菜单是绘制图形最基本、最常用的方法，其中包含了 AutoCAD 2009 的大部分绘图命令，选择该菜单中的命令或子命令，可绘制出相应的二维图形。

在 AutoCAD 2009 中，绘图窗口左上角有"菜单浏览器"按钮 ，在弹出的菜单中选择相应的命令，同样可以执行相应的绘图命令。

（2）工具按钮法

工具栏中的每个工具按钮都与菜单栏中的菜单命令相对应，单击按钮即可执行相应的绘图命令。

在 AutoCAD 2009 二维草图与注释空间中，"功能区"选项板集成了"默认"、"块和参照"、"注释"、"工具"、"视图"和"输出"等选项卡，在这些选项卡的工具栏中单击按钮即可执行相应的绘制或编辑操作，如图 1 - 4 所示。

图 1 - 4　"功能区"选项板

（3）绘图命令法

使用绘图命令也可以绘制图形，在命令提示行中输入绘图命令，按 Enter 键，并根据命令行的提示信息进行绘图操作。

3．在 AutoCAD 2009 中如何确定点的位置？

答：在 AutoCAD 2009 中一般可采用以下四种方法确定点的位置：

（1）在绘图窗口中用鼠标直接单击确定点的位置。

（2）在目标捕捉方式下，捕捉已有图形的特殊点，如端点、中点、圆心等。

（3）用键盘输入点的坐标，确定点的位置。

（4）鼠标导向给距离方式，确定点的位置。

4．AutoCAD 2009 中怎样输入点的坐标？

答：（1）认识坐标系

AutoCAD 2009 采用三维笛卡尔直角坐标系统来确定点的位置，坐标系统可以分为世界坐标系（WCS）和用户坐标系（UCS）。

①世界坐标系

世界坐标系（World Coordinate System，简称 WCS）是 AutoCAD 的默认的坐标系。它由三个互相垂直并相交的 X、Y、Z 轴组成。在绘图区的左下角显示了 WCS 图标，X 轴正方向水平向右，Y 轴正方向垂直向上，Z 轴正方向垂直于 XY 平面向外指向用户。坐标原点在绘图区左下角默认为（0，0，0）。

②用户坐标系

AutoCAD 提供了可变的用户坐标系（UCS）以方便绘制图形。在默认情况下，用户坐标系和世界坐标系重合，用户可以在绘图过程中根据具体需要来定义 UCS。

（2）坐标的表示方法

在 AutoCAD 2009 中，点的坐标可以使用绝对直角坐标、绝对极坐标、相对直角坐标和相对极坐标 4 种方法表示，它们的特点如下：

① 绝对直角坐标

点的绝对坐标是相对于坐标原点（0，0，0）的坐标，以（X，Y，Z）的形式输入点的 X、Y、Z 坐标值。在二维平面上，点的 Z 轴坐标值为 0.0000，只要输入 X、Y 坐标即可。如图 1-5 中点 A 的绝对直角坐标表示为（40，20），点 B 的绝对直角坐标表示为（60，40）。

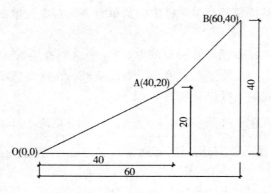

图 1-5　点的绝对直角坐标

②绝对极坐标

在缺省条件下，绝对极坐标是以某一点与原点的距离以及该点和原点的连线与 X 轴方向的夹角来确定的。其中距离和角度用"<"分开，且规定 X 轴正方向为 0°，Y 轴正

方向为 90°，例如，图 1 - 6 中的点 B 的绝对极坐标表示为（60＜45）。

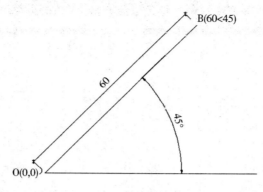

图 1 - 6   点的绝对极坐标

③相对直角坐标

相对直角坐标是指相对于前一点的 X 轴和 Y 轴位移。它的表示方法是在绝对直角坐标表达方式前加上"@"号，如图 1 - 7 中的点 B 的相对直角坐标表示为（@30，15）。

④相对极坐标

相对极坐标中的角度是新点和上一点连线与 X 轴的夹角。表示方法是在绝对极坐标表达方式前加上"@"号，如图 1 - 7 中的点 C 的相对极坐标表示为（@30＜45）。

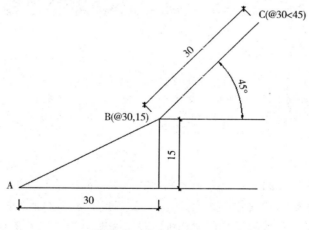

图 1 - 7   点的相对坐标

1.1.4   相关知识

1. AutoCAD 2009 工作界面介绍

AutoCAD 2009 提供了"二维草图与注释"、"三维建模"和"AutoCAD 经典"3 种工作空间模式。要在三种工作空间模式中进行切换，只需单击"菜单浏览器"按钮，在弹出的菜单中选择【工具】菜单【工作空间】菜单中的子命令（如图 1 - 8 所示），或在状态栏中单击"切换工作空间"按钮 ，在弹出的菜单中选择相应的命令即可。

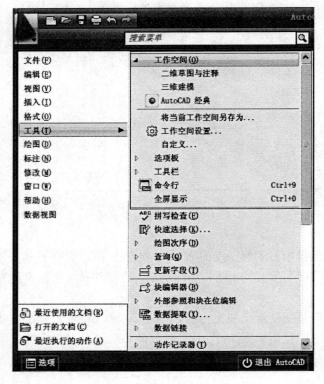

图 1 - 8　工作空间选择

（1）二维草图与注释空间

默认状态下，打开"二维草图与注释"空间，其界面主要由"菜单浏览器"按钮、
"功能区"选项板、快速访问工具栏、文本窗口与命令行、状态栏等元素组成。在该空间
中可以使用"绘图"、"修改"、"图层"、"标注"、"文字"、"表格"等工具栏方便地绘制二
维图形。

（2）三维建模空间

使用"三维建模"空间，可以更加方便地在三维空间中绘制图形。在"功能区"选项
板中集成了"三维建模"、"视觉样式"、"光源"、"材质"、"渲染"和"导航"等工具栏，
从而为绘制三维图形、观察图形、创建动画、设置光源、为三维对象附加材质等操作提供
了非常便利的环境。

（3）AutoCAD 经典空间

对于习惯于 AutoCAD 传统界面的用户来说，可以使用"AutoCAD 经典"工作空间，
如图 1 - 9 所示，其界面主要由"菜单浏览器"按钮、快速访问工具栏、标题栏、菜单栏、
工具栏、绘图窗口、命令窗口、状态栏等元素组成。

①标题栏

标题栏与其他 Windows 应用程序类似，用于显示 AutoCAD 2009 的程序图标以及当
前所操作图形文件的名称。按"默认设置"方式启动 AutoCAD 后，程序自动为当前图形
文件命名为"Drawing1.dwg"。

②菜单栏

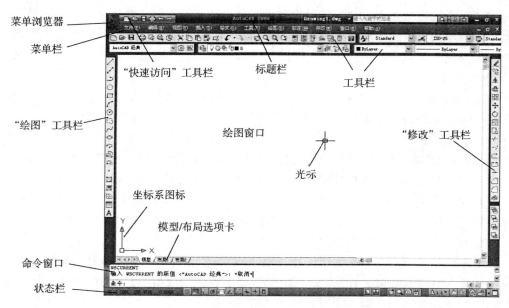

图 1 - 9　AutoCAD 2009 绘图经典空间

菜单栏是主菜单，可利用其执行 AutoCAD 的大部分命令。单击菜单栏中的某一项，会弹出相应的下拉菜单。

③工具栏

AutoCAD 2009 提供了近 40 个工具栏，每一个工具栏上均有一些形象化的按钮。单击某按钮，可以启动 AutoCAD 的对应命令。

用户可以根据需要打开或关闭任一个工具栏。方法是：在已有工具栏上右击，AutoCAD 弹出工具栏快捷菜单，通过这里可以实现工具栏的打开与关闭。

④绘图窗口

AutoCAD 界面上最大的空白区域就是绘图窗口。类似于手工绘图时的图纸，用户在此窗口区域内进行绘图工作。

⑤光标

当光标位于 AutoCAD 的绘图窗口时为十字形状。所以又称其为十字光标。十字线的交点为光标的当前位置。AutoCAD 的光标用于绘图、选择对象等操作。

⑥坐标系图标

坐标系图标通常位于绘图窗口的左下角，表示当前绘图所使用的坐标系的形式以及坐标方向等。

⑦命令窗口

命令窗口位于绘图窗口的下方，是用户输入命令与 AutoCAD 进行对话的窗口，用户通过键盘把命令传送给计算机，而计算机也通过命令栏提示用户下一步怎么做。

拖动命令窗口最上端的拆分条，可调节命令窗口的显示行数。

按 F2 键或单击【视图】/【显示】/"文本窗口"菜单项打开文本窗口。

⑧状态栏

状态栏用于显示或设置当前的绘图状态。状态栏上位于左侧的一组数字反映当前光标的坐标，其余按钮从左到右分别表示当前是否启用了捕捉模式、栅格显示、正交模式、极轴追踪、对象捕捉、对象捕捉追踪、动态 UCS、动态输入等功能以及是否显示线宽、当前的绘图空间等信息。

⑨模型/布局选项卡

模型/布局选项卡用于实现模型空间与图纸空间的切换。

2. AutoCAD 的绘图界限与绘图单位

(1) 图形界限

设置绘图界限，类似于手工绘图时选择绘图图纸的大小，但具有更大的灵活性。

选择【格式】菜单"图形界限"命令，即执行 LIMITS 命令，AutoCAD 提示：

指定左下角点或 [开（ON）/关（OFF）] <0.0000，0.0000>：（指定图形界限的左下角位置，直接按 Enter 键或 Space 键采用默认值）

指定右上角点：（指定图形界限的右上角位置）

现实中的图纸都有一定的规格尺寸，如 A3，为了将绘制的图纸方便地打印输出，在绘图前应设置好图形界限。在 AutoCAD 2009 中，可选择【格式】菜单"图形界限"命令（LIMITS）来设置图形界限。

(2) 图形单位

选择【格式】菜单"单位"命令，即执行 UNITS 命令，AutoCAD 弹出"图形单位"对话框，设置绘图的长度单位、角度单位的格式以及它们的精度。

即执行 UNITS 命令，AutoCAD 弹出"图形单位"对话框，如图 1-10 所示。

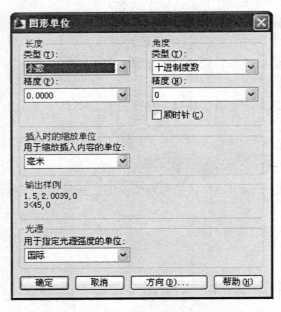

图 1-10　图形单位对话框

对话框中，"长度"选项组确定长度单位与精度；"角度"选项组确定角度单位与精度；还可以确定角度正方向、零度方向以及插入单位等。

在 AutoCAD 中，可以采用 1∶1 的比例因子绘图，因此，所有的直线、圆和其他对象都可以以真实大小来绘制。在需要打印时，再将图形按图纸大小进行缩放。

3. 绘图环境设置

利用 AutoCAD 2009 提供的"选项"对话框，用户可以方便地配置它的绘图环境，如设置搜索目录、设置工作界面的颜色等。

启动"选项"对话框的命令是 OPTIONS，对应的菜单命令是【工具】菜单"选项"命令。执行 OPTIONS 命令，AutoCAD 弹出图 1-11 所示的"选项"对话框。可通过此对话框中的对应选项卡进行各种设置。

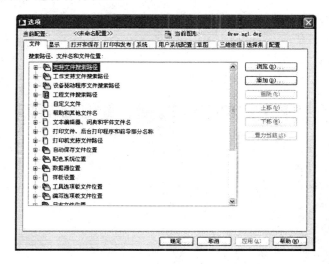

图 1-11　选项对话框

4. AutoCAD 图形文件管理

(1) 创建新图形

在 AutoCAD 2009 中，新建图形文件的方法：

●单击"标准"工具栏上的"新建"按钮 🗋 。

●选择【文件】菜单"新建"命令。

●输入 NEW 命令。

AutoCAD 弹出"选择样板"对话框，如图 1-12 所示。

图 1-12　选择样板对话框

选择对应的样板后（如 acadiso. dwt），单击"打开"按钮，就会以对应的样板为模板建立一个新图形。也可以单击打开按钮右侧的小按钮，在下拉菜单中选择"无样板打开——公制"或"无样板打开——英制"，新建无样板的图形文件。

（2）打开图形

在 AutoCAD 2009 中，打开文件的方法：

●单击"标准"工具栏上的"打开"按钮 📂 。

●选择【文件】菜单"打开"命令。

●输入 OPEN 命令。

AutoCAD 弹出"选择文件"对话框，可通过此对话框选择要打开的文件，单击"打开"按钮。也可以只读方式打开或局部方式打开文件，如图 1 - 13 所示。

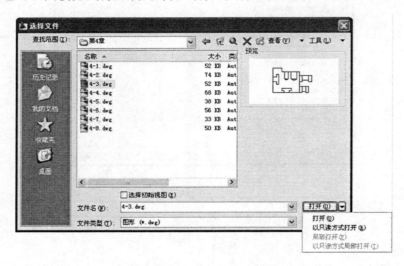

图 1 - 13　选择文件对话框

（3）保存图形

在绘图过程中，为了防止意外情况（如死机、断电），需要经常将图形文件存盘。保存文件的方法：

●单击"标准"工具栏上的"保存"按钮 💾 。

●选择【文件】菜单"保存"命令。

●执行 QSAVE 命令。

如果当前图形没有命名保存过，AutoCAD 会弹出"图形另存为"对话框。通过该对话框指定文件的保存位置及名称后，单击"保存"按钮，即可保存文件。

如果执行 QSAVE 命令前已对当前绘制的图形命名保存过，那么执行 QSAVE 后，AutoCAD 直接以原文件名保存图形，不再要求用户指定文件的保存位置和文件名。

当前绘制的图形也可以以新文件名存盘。单击【文件】菜单"另存为"命令，AutoCAD 弹出"图形另存为"对话框，要求用户确定文件的保存位置及文件名，用户响应即可。

（4）关闭图形文件

单击【文件】菜单"关闭"命令（CLOSE），或在绘图窗口中单击"关闭"按钮 ❎ ，可以关闭当前图形文件。

5．直线命令

（1）功能：绘制直线

（2）命令输入

●下拉菜单：【绘图】/【直线】

●工具按钮：在"绘图"工具栏中单击"直线"按钮 ✐

●命令：Line（L）

直线命令用于绘制指定长度的一条直线段或若干连续的直线段，但绘制成的连续直线段中的每条线段均是独立的对象。

启动 Line 命令，AutoCAD 提示：

命令：_Line 指定第一点：（确定直线段的起始点）

指定下一点或［放弃（U）］：（确定直线段的另一端点位置）

指定下一点或［放弃（U）］：（可直接按 Enter 键或 Space 键结束命令，或确定直线段的另一端点位置，或执行"放弃（U）"选项取消前一次操作）

（3）命令选项

放弃（U）：在"指定下一点"提示下，输入字母 U，将删除上一条直线，多次输入 U，则会删除多条直线段，该选项可以及时纠正绘图过程中的错误。

闭合（C）：在"指定下一点"提示下，输入字寻 C，AutoCAD 将使连续折线自动封闭。

6．放弃 Undo

（1）功能：取消已执行的操作。

（2）命令输入：

●下拉菜单：【编辑】/【放弃】

●工具按钮：单击标准工具栏"撤消"按钮 ↶

●命令："U"和"undo"

●热键：Ctrl＋Z

从命令行直接输入"U"和"undo"，其执行效果是不同的。

"U"命令的功能是一次只能取消最后一次所进行的操作。"undo"命令可以一次取消已进行的一个或多个操作。在"命令："后输入"undo"回车后，出现提示：

"Auto/Control/Begin/End/Mark/Back/<Number>："

由于用命令方式操作比较复杂，建议使用工具按钮，执行"U"命令。

7．Redo 命令

（1）功能：恢复刚由"撤消"命令取消的操作。

（2）命令输入：

●下拉菜单：【编辑】/【重做】

●工具按钮：单击标准工具栏"恢复"按钮 ↷

●命令：redo

注意：执行"重做"Redo"命令，必须在"放弃 U"命令执行结束后立即执行。

1.1.5　小　结

本任务介绍了五角星的绘制方法，讲解了 AutoCAD 绘图的一些基本方法与技巧，包括图形的绘制方法、实体选择方法、删除实体的方法、图形缩放方法等，用户从中可了解 AutoCAD 2009 的工作界面、绘图环境设置、图形文件的管理等内容。比较难掌握的是如何定位点以及如何使用辅助工具精确绘图。通过绘制五角星能熟练掌握直线、正五边形等命令的使用与视图控制技巧。

1.1.6　实训作业

（1）分别以五角星的五个角点为起点，绘制边长为 500 的十类五角星。
（2）在一个 dwg 文件中绘制一个边长为 10 和 100000 的两个五角星。

1.1.7　思考题

（1）AutoCAD 输入命令的方式有哪几种？
（2）说明输入点的坐标有哪些方式，分别在什么情况下采用。
（3）怎样设置绘图界限和绘图单位？
（4）说明 AutoCAD 怎样管理文件。

任务 1.2 嵌 套 矩 形

【技能目标】

进一步熟练掌握 AutoCAD 的基本操作、AutoCAD 的数据输入方法、命令输入方法；明了 AutoCAD 坐标系统；能够利用绘图命令及各种辅助工具绘制嵌套矩形。

【知识目标】

学会设置绘图单位、绘图界限和绘图环境，掌握绘图方法、选择对象、图形缩放方法等，灵活使用各种辅助工具快速、准确地绘图。

【学习的主要命令】

矩形、正多边形命令；删除、选择实体方法；Zoom 缩放。

1.2.1 图形分析

嵌套矩形由两个矩形组成，如图 1 - 14 所示，每个矩形可以用直线命令绘制，也可以用矩形命令绘制，但关键仍是点位的确定。

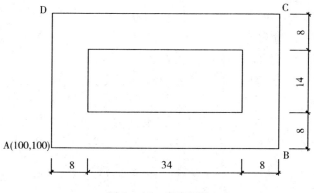

图 1 - 14 嵌套矩形

1.2.2 操作步骤

方法一：绝对直角坐标法

1. 操作方法

第一步：绘制外面的矩形

（1）按 F8，打开正交。单击直线命令，输入 A 点的坐标（100，100），打开正交，向右移动鼠标，输入 50，确定，定出 B 点。

（2）向上移动鼠标，输入 30，确定，定出 C 点。

（3）向左移动鼠标，输入 50，确定，定出 D 点。

（4）向下移动鼠标，输入 30，确定，或输入 C，确定，闭合图形，完成绘制。

第二步：绘制里面的小矩形

（1）单击直线命令，输入小矩形左下角点的坐标（108，108），按 F8，打开正交，向右移动鼠标，输入 34，确定。

（2）向上移动鼠标，输入 14，确定。

（3）左移动鼠标，输入 34，确定。

（4）向下移动鼠标，输入 14，确定，或输入 C，确定，闭合图形，完成绘制。

2．命令显示

命令：＿line 指定第一点：100，100

指定下一点或［放弃（U）］：＜正交 开＞50

指定下一点或［放弃（U）］：30

指定下一点或［闭合（C）/放弃（U）］：50

指定下一点或［闭合（C）/放弃（U）］：c

命令：＿line 指定第一点：108，108

指定下一点或［放弃（U）］：34

指定下一点或［放弃（U）］：14

指定下一点或［闭合（C）/放弃（U）］：34

指定下一点或［闭合（C）/放弃（U）］：c

方法二：相对直角坐标法

1．操作方法

第一步：绘制外面的矩形：

（1）单击矩形命令，输入 A 点的坐标（100，100）。

（2）输入另一个角点 C 的坐标（@50，30），完成绘制。

第二步：绘制里面的小矩形

（1）单击矩形命令，输入小矩形左下角点的坐标（108，108）。

（2）输入小矩形右上角点的坐标（@34，14），完成绘制。

2．命令显示

命令：＿rectang

指定第一个角点或［倒角（C）/标高（E）/圆角（F）/厚度（T）/宽度（W）］：100，100

指定另一个角点或［尺寸（D）］：@50，30

命令：

命令：＿rectang

指定第一个角点或［倒角（C）/标高（E）/圆角（F）/厚度（T）/宽度（W）］：108，108

指定另一个角点或［尺寸（D）］：@34，14

1.2.3　疑难解答

1．如何进行视图缩放和图形平移？

（1）视图缩放 Zoom

按一定比例、观察位置和角度显示的图形称为视图。在 AutoCAD 中，可以通过缩放视图来观察图形对象。缩放视图可以增加或减少图形对象的屏幕显示尺寸，但对象的真实尺寸保持不变。通过改变显示区域和图形对象的大小，可以灵活观察图形的整体效果或局部细节。

激活 Zoom 命令的方法：

单击菜单浏览器按钮 ◢ ，在弹出的菜单中选择【视图】菜单"缩放"命令，参见图 1 - 15 所示视图缩放子菜单。

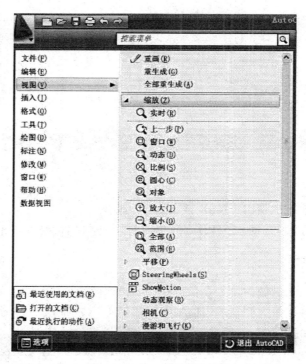

图 1 - 15 缩放子菜单

单击某个缩放命令，可以缩放视图。也可以单击"缩放"工具或在命令行输入命令"Zoom"，命令行中出现如下提示：

指定窗口的角点，输入比例因子（nX 或 nXP），或者

［全部（A）/中心（C）/动态（D）/范围（E）/上一个（P）/比例（S）/窗口（W）/对象（O）］＜实时＞：

①全部缩放

在当前视口中缩放显示整个图形。如图 1 - 16 所示。

命令：'_ zoom

指定窗口的角点，输入比例因子（nX 或 nXP），或者

［全部（A）/中心（C）/动态（D）/范围（E）/上一个（P）/比例（S）/窗口（W）/对象（O）］＜实时＞：_ a

②范围缩放

使所有对象最大化显示，充满整个视口。

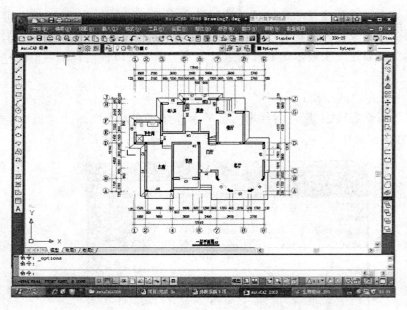

图 1-16　全部缩放

命令：'_ zoom

指定窗口的角点，输入比例因子（nX 或 nXP），或者

[全部（A）/中心（C）/动态（D）/范围（E）/上一个（P）/比例（S）/窗口（W）/对象（O）]＜实时＞：_ e

③窗口缩放

窗口缩放是指通过指定区域的角点，快速缩放到指定的矩形区域中，缩放后的新视图中，所定义的矩形区域将被放大到充满当前视图，如图 1-17 所示。

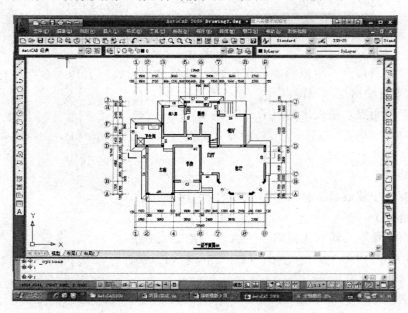

图 1-17　窗口缩放

命令：'_ zoom

指定窗口的角点，输入比例因子（nX 或 nXP），或者

[全部（A）/中心（C）/动态（D）/范围（E）/上一个（P）/比例（S）/窗口（W）/对象（O）]＜实时＞：_ w

指定第一个角点：

指定对角点：

④动态缩放

动态缩放是通过视图框来显示选定的区域。移动视图框或调整它的大小，将其中的图像平移或缩放，充满整个视口。

在命令行中输入 zoom 并回车，然后输入 d 并回车。

此时绘图区中出现两个虚线框和一个实线框，其中虚线矩形（黄色）代表图形范围，虚线矩形（蓝色）代表当前视图所占的区域。实线矩形框（中间有 X 号）称为视图框。可以来回移动视图框确定视图框的位置。单击鼠标左键确定视图框的位置后，视图框右侧将显示一个箭头标识，可以通过改变视图框的大小来改变缩放的比例，向左移动光标，将缩小视图框大小，即放大了图形的显示比例，向右移动光标，将放大视图框大小，即缩小了图形的显示比例。当视图框的位置和大小确定后，回车或者单击鼠标右键，在弹出的快捷菜单中选择"确认"，则视图框包围的视图就成为缩放为当前视图。

⑤中心缩放

"中心缩放"可以重新定位图形的中心点。缩放显示由中心点和放大比例（或高度）所定义的窗口决定。

⑥缩放上一个

当完成图形中的局部编辑后，可能需要将放大的图形缩小，以观察总体布局，可以使用"缩放上一个"快速返回到前一个视图，意思就是缩放显示上一个视图，最多可连续恢复此前的 10 个视图。

⑦比例缩放

以指定的比例因子缩放显示。AutoCAD2009 提供了三种形式的比例缩放。

命令：'_ zoom

指定窗口的角点，输入比例因子（nX 或 nXP），或者

[全部（A）/中心（C）/动态（D）/范围（E）/上一个（P）/比例（S）/窗口（W）/对象（O）]＜实时＞：_ s

输入比例因子（nX 或 nXP）：20

相对图形界限的比例缩放。在命令行的提示下，直接输入一个不需带有任何后缀的数值即可。

相对当前视图的比例缩放。在命令行的提示下，输入带有后缀 x 的比例系数即可，比如输入 5x，则图形会以当前图形的 5 倍大小显示。

相对图纸空间的比例缩放。在命令行的提示下，输入带有后缀 xp 的比例系数即可，比如输入 2xp，则图形会以图纸空间的 2 倍大小显示，通常在布局中使用。

⑧缩放对象

缩放以便尽可能大地显示一个或多个选定的对象，并使其放大后的对象位于绘图区域

的中心。

⑨放大和缩小

按照系统默认的缩放比例进行缩放。

⑩实时缩放

实时缩放是指随着鼠标的移动，图形动态地改变大小。操作方法是按住鼠标左键并拖动进行缩放图形，向上拖动为放大图形，向下拖动为缩小图形。完成缩放后，按回车键或者 Esc 键，或者在屏幕上按下鼠标右键选择"退出"选项。

（2）视图平移 Pan

视图平移是指移动整个图形，就像是移动整个图纸，以便使图纸的特定部分显示在绘图窗口。执行显示移动后，图形相对于图纸的实际位置并不发生变化。

选择【视图】菜单【平移】子菜单，如图 1 - 18 所示，利用各菜单命令可执行移动操作，也可以执行 Pan 命令

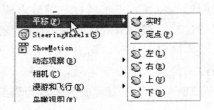

图 1 - 18　视图平移子菜单

AutoCAD 在屏幕上出现一个小手光标，并提示：

按 Esc 或 Enter 键退出，或单击右键显示快捷菜单。

同时在状态栏上提示："按住拾取键并拖动进行平移"。此时按下拾取键并向某一方向拖动鼠标，就会使图形向该方向移动；按 Esc 键或 Enter 键可结束 Pan 命令的执行；如果右击，AutoCAD 会弹出快捷菜单供用户选择。

2．如何使用辅助工具进行精确绘图？

（1）栅格捕捉、栅格显示

利用栅格捕捉，可以使光标在绘图窗口按指定的步距移动，就像在绘图屏幕上隐含分布着按指定行间距和列间距排列的栅格点，这些栅格点对光标有吸附作用，即能够捕捉光标，使光标只能落在由这些点确定的位置上，从而使光标只能按指定的步距移动。

栅格显示是指在屏幕上显示分布一些按指定行间距和列间距排列的栅格点，就像在屏幕上铺了一张坐标纸。用户可根据需要设置是否启用栅格捕捉和栅格显示功能，还可以设置对应的间距。

利用"草图设置"对话框中的"捕捉和栅格"选项卡可进行栅格捕捉与栅格显示方面的设置。选择【工具】菜单"草图设置"命令，AutoCAD 弹出"草图设置"对话框，对话框中的"捕捉和栅格"选项卡（如图 1 - 19 所示）用于栅格捕捉、栅格显示方面的设置（在状态栏上的"捕捉"或"栅格"按钮上右击，从快捷菜单中选择"设置"命令，也可以打开"草图设置"对话框）。

对话框中，"启用捕捉"、"启用栅格"复选框分别用于启用捕捉和栅格功能。"捕捉间距"、"栅格间距"选项组分别用于设置捕捉间距和栅格间距。用户可通过此对话框进行其他设置。

图 1 - 19 草图设置对话框

实例：利用"捕捉和栅格"绘制图 1 - 20 图形。

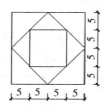

图 1 - 20 捕捉栅格实例

步骤如下：

右击状态栏"栅格显示"按钮，弹出快捷菜单，选择"设置"命令，打开"草图设置"对话框，选中"启用捕捉"、"启用栅格"复选框，设置捕捉 X 轴间距、Y 轴间距为5，栅格 X 轴间距、Y 轴间距为5，不选中"自适应栅格"选项，单击工具栏"直线"按钮，用捕捉栅格的方法绘制。

（2）正交功能

利用正交功能，用户可以方便地绘制与当前坐标系统的 X 轴或 Y 轴平行的线段（对于二维绘图而言，就是水平线或垂直线）。

单击状态栏上的"正交"按钮或"F8"功能键，可以快速激活和关闭正交功能。

（3）对象捕捉

利用对象捕捉功能，在绘图过程中可以快速、准确地确定一些特殊点，如圆心、端点、中点、切点、交点、垂足等。设置捕捉对象可以用以下三种方式设定：

①永久性捕捉

选择【工具】菜单"草图设置"命令，在弹出的"草图设置"对话框中选择"对象捕捉"选项卡，或在状态栏上的"对象捕捉"按钮上右击，在快捷菜单选择"设置"项，将弹出图 1 - 21 所示的"草图设置"对话框，在其中设置需要捕捉的特征点。各特殊点名称前都有一复选框，当复选框被勾选后，表明对象捕捉模式被激活，该点的捕捉功能也同时被激活。

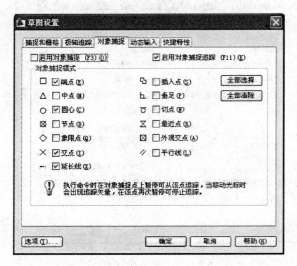

图 1-21　对象捕捉选项卡

在建筑绘图中，（端点、交点、中点、垂点）使用频率较高，建议勾选。

②一次性捕捉

打开"对象捕捉"工具栏（如图 1-22 所示），可随时选择需要的捕捉对象点，"一次性"使用对象捕捉工具。注意：一次性捕捉完成后，永久性捕捉又会起作用。

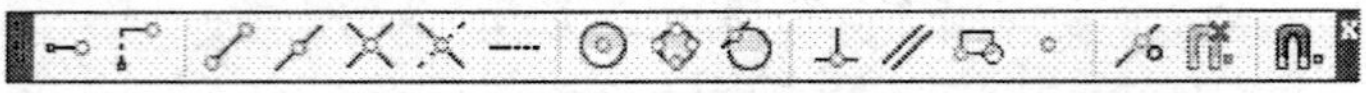

图 1-22　对象捕捉工具栏

另外，也可使用快捷菜单方式启用一次性捕捉。方法是：按住 Shift 键，同时在绘图区单击鼠标右键，可弹出快捷菜单。如图 1-23 所示。可以在其中选择需要的捕捉对象点。

图 1-23　对象捕捉快捷菜单

（4）极轴追踪

所谓极轴追踪，是指当 AutoCAD 提示用户指定点的位置时（如指定直线的另一端点），拖动光标，使光标接近预先设定的方向（即极轴追踪方向），AutoCAD 会自动将橡皮筋线吸附到该方向，同时沿该方向显示出极轴追踪矢量，并浮出一小标签，说明当前光标位置相对于前一点的极坐标，如图 1 - 24 所示。

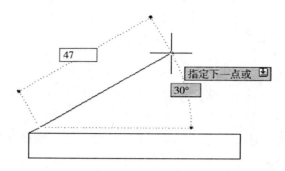

图 1 - 24　极轴追踪

由上可以看出，当前光标位置相对于前一点的极坐标为（47＜30），即两点之间的距离为 47，极轴追踪矢量与 X 轴正方向的夹角为 30°。此时单击拾取键，AutoCAD 会将该点作为绘图所需点；如果直接输入一个数值（如输入 47），AutoCAD 则沿极轴追踪矢量方向，按此长度值确定出点的位置；如果沿极轴追踪矢量方向拖动鼠标，AutoCAD 会通过浮出的小标签动态显示与光标位置对应的极轴追踪矢量的值（即显示"距离＜角度"）。

用户可以设置是否启用极轴追踪功能以及极轴追踪方向等性能参数，在"草图设置"对话框，打开对话框中的"极轴追踪"选项卡，如图 1 - 25 所示。在状态栏上的"极轴"按钮上右击，快捷菜单选择"设置"命令，也可以打开对应的对话框。

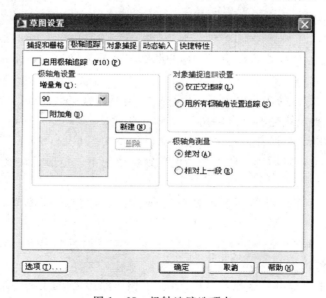

图 1 - 25　极轴追踪选项卡

1.2.4 相关知识

1. 矩形命令

（1）功能：绘制矩形

（2）命令输入

●菜单方式：【绘图】/【矩形】。

●工具按钮：在"绘图"工具栏中单击"矩形"按钮 ▢ 。

●命令：Rectangle（REC）

启动命令 Rectangle，AutoCAD 提示：

命令：_ rectangle

指定第一个角点或［倒角（C）/标高（E）/圆角（F）/厚度（T）/宽度（W）］：（拾取矩形对角线的一个端点）

指定另一个角点：［拾取矩形对角线的另一个端点。结果如图 1 - 26（a）所示］

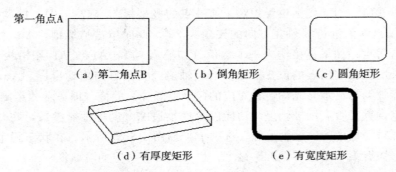

图 1 - 26 绘制不同的矩形

（3）命令选项

◆指定第一个角点：（在此提示下，用户指定矩形的一个角点。移动鼠标，屏幕上显示出了一个矩形）

◆指定另一个角点：（在此提示下，用户指定矩形的另一个角点）

◆倒角（C）：指定矩形各顶点倒角的大小，如图 1 - 26（b）所示。

◆圆角（F）：指定矩形各顶点倒圆角半径，如图 1 - 26（c）所示。

◆标高（E）：确定矩形所在的平面高度，缺省情况下，矩形是在 XY 平面内（Z 坐标值为 0）。

◆厚度（T）：设置矩形的厚度，在三维绘图时，常使用该选项，如图 1 - 27（d）所示。

◆宽度（W）：该选项使用户可以设置矩形的宽度，如图 1 - 27（e）所示。

2. 正多边形命令

在 AutoCAD 中可以创建 3 条至 1024 条长度相等的边组成的封闭多段线。

（1）功能：绘制指定要求的正多边形

（2）命令输入

●下拉菜单：【绘图】/【矩形】。

●工具按钮：在"绘图"工具栏中单击"正多边形"按钮 ⬠

●命令：POLYGON（POL）

启动命令 POLYGON，AutoCAD 提示：

命令：_POLYGON 输入边的数目<4>：8✓（输入多边形的边数）

指定正多边形的中心点或［边（E）］：（拾取多边形的中心点）

输入选项［内接于圆（I）/外切于圆（C）］<I>：I（采用内接于圆画多边形）

指定圆的半径：（指定圆的半径）如图 1-27 所示。

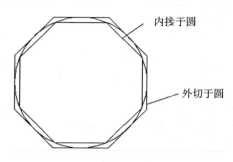

图 1-27 绘制多边形

（3）命令选项

◆指定多边形的中心点：用户输入多边形边数后，再拾取多边形中心点。

◆内接于圆（I）：根据外接圆生成正多边形。

◆外切于圆（C）：根据内切圆生成正多边形。

◆边（E）：输入多边形边数后，再指定某条边的两个端点即可绘出多边形。

4. 选择对象

当启动 AutoCAD 2009 的某一编辑命令或其他某些命令后，AutoCAD 通常会提示"选择对象："，即要求用户选择要进行操作的对象，同时把十字光标改为小方框形状（称之为拾取框），此时用户应选择对应的操作对象。AutoCAD 提供了很多选择对象的方法，常用选择对象的方法如下：

（1）直接拾取

选择实体时，将鼠标移至需选择的实体上，单击鼠标左键即可选中该实体。

（2）选择全部对象

在"选择对象："提示下输入 All，可以选择屏幕上所有的实体对象。处于冻结层或锁定层中的实体不能被选中，关闭层中的实体会被选中。

（3）矩形窗口选择方式

当 AutoCAD 提示"选择对象："时，在要编辑的图形元素左上角或左下角单击一点，然后向右移动光标，AutoCAD 出现一个矩形窗口，让此窗口完全包含要编辑的图形实体，再单击一点，选中矩形窗口中所有对象（不包括与矩形边相交的对象）。

（4）交叉矩形窗口选择方式

当 AutoCAD 提示"选择对象："时，在要编辑的图形元素右上角或右下角单击一点，然后向左移动光标，此时出现一个矩形框，框内的对象与框边相交的对象全部被选中。

（5）给选择集添加去除对象

绘图编辑过程中，用户构造选择集常常不能一次完成，需要在选择集中加入或删除对象。在添加对象时，可直接选取或利用矩形窗口、交叉窗口选择要加入的图形元素；若要删除所选择的对象，可按住 SHIFT 键，再从选择集中选择要清除的图形元素。

4. 删除对象

（1）功能：删除一些不需要或画错的图形。

（2）命令输入

●菜单方式：【修改】/【删除】

●工具按钮：在"修改"工具栏中单击"删除"按钮 ✐ 。

●命令：ERASE（E）

执行 ERASE 命令，AutoCAD 提示：

选择对象：

选择对象：↙（也可以继续选择对象）

然后按 Enter 键或 Space 键结束对象选择，同时删除已选择的对象。

删除命令的操作分为两步。执行命令和选择对象。执行步聚的顺序不同，操作过程有所不同。先执行命令后选择对象：用户选择对象后，被选对象不立即删除，按 Enter 键结束命令后，被选对象才被删除；先选择对象后执行命令：先选择对象，再执行删除命令，立即删除，不出现任何提示。

1.2.5 小 结

本任务介绍了嵌套矩形的绘制方法，讲解了 AutoCAD 绘图的一些基本方法与技巧，包括图形绘制、实体选择、删除实体、视图控制等。比较难掌握的是如何定位点以及如何使用辅助工具精确绘图、视图缩放与平移等。通过反复绘制嵌套矩形，进一步提高应用 AutoCAD 绘制图形的技能。

1.2.6 实训作业

1. 执行直线或矩形命令绘制如图 1-28 所示图形。
2. 利用直线命令和正交、极轴等功能绘制如图 1-29 所示图形。

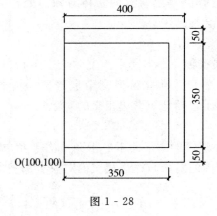

图 1-28

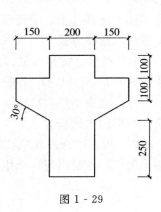

图 1-29

1.2.7　思考题

1. 何谓对象捕捉？永久性捕捉与一次性捕捉有何区别？
2. 说明缩放工具栏的各个图标含义。
3. 选择对象主要有哪几种常见方式？分别在什么情况下应用？
4. 使用直线与矩形命令绘制的同样大小的两个矩形有什么区别？

任务 1.3 五 星 红 旗

【技能目标】

能熟练掌握 AutoCAD 基本绘图与相关修改操作；能熟练掌握绘制五星红旗的流程；巩固与复习前面所学知识技能，达到熟练操作、灵活运用的程度。

【知识目标】

学习 AutoCAD 基本绘图方法；灵活运用直线、矩形、多段线等绘图工具；掌握对象的偏移、复制与旋转等相关修改工具的运用；灵活运用所学知识于图形绘制中，达到从技能训练中巩固已有知识，产生知识拓展，寻求学习新知识的方法。

【学习的主要命令】

矩形、正多边形命令、点；复制、旋转、偏移。

1.3.1 图形分析

《国旗法》规定：我国的国旗为五星红旗，长、高比为 3∶2，国旗的通用规格为如下五种：288cm×192cm，240cm×160cm，192cm×128cm，144cm×96cm，96cm×64cm。在了解五星红旗尺寸标准之后，可将五星红旗绘制分解为以下步骤：

1. 为便于确定五星位置，先将旗面对分为四个相等的长方形，将左上方长方形上下十等分，左右十五等分，分别定义编号。

2. 大五角星的中心位置在 5、E 轴交点处。以此点为圆心，三等分为半径画圆，将圆五等分得到五角星，其中一角要正上方。

3. 四个小五星的中心分别位于：2、J；4、L；7、L；9、J。分别以四点为圆心，1等分为半径做圆，与上述相同做法得到五星。四颗五星各有一个角尖正对大五星的中心。画法与结果如图 1-30 所示。

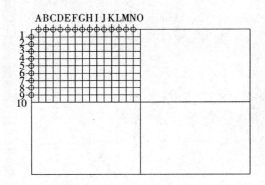

图 1-30 五星红旗画法与效果

1.3.2 操作步骤

方法一：等分圆法

1. 操作方法

（1）单击"绘图"工具栏中的"矩形"⬚按钮，拾取"绘图窗口"中的任意一点，在"命令行"中输入@288，192并回车，绘制一个矩形。

（2）右击状态栏中"捕捉模式"按钮，在弹出的快捷菜单中选择"设置"项，打开"草图设置"对话框，在"对象捕捉"区域中勾选"中点"项，启用对象中点捕捉，如图1－31所示。

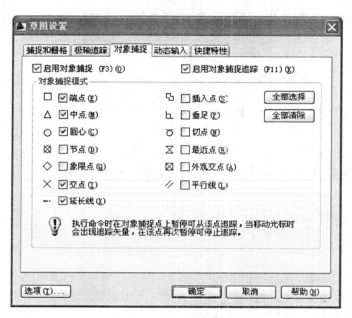

图1-31　启用中点捕捉

（3）单击"绘图"工具栏中的"直线"╱按钮，捕捉矩形边的中点，绘制水平线和垂直线，将矩形均分为四等份，如图1－32所示。

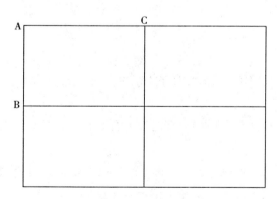

图1-32　四等分长方形

（4）单击"绘图"工具栏中的"多段线"按钮，沿 B、A、C 绘制一条多段线。

（5）执行菜单栏【格式】/【点样式】命令，打开"点样式"对话框，选择一种点样式，以便下面能正常显示线段等分点，如图1－33所示。

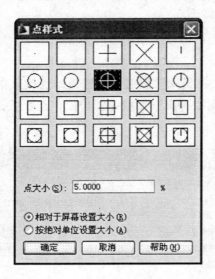

图 1 - 33　设置点样式

（6）执行菜单栏【绘图】/【点】/【定数等分】命令，选择上面绘制的多段线，输入分段数 25。

（7）单击"绘图"工具栏中的"直线" 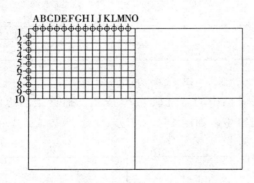 按钮，沿等分点绘制水平和垂直线段，如图 1 - 34 所示。

图 1 - 34　等分长方形

（8）单击"绘图"工具栏中的"圆" 按钮，以 5、E 交点处为圆心，3 等分为半径画一圆形。

（9）执行菜单栏【绘图】/【点】/【定数等分】命令，选择圆形，输入分段数 5，将圆周 5 等分。

（10）单击"修改"工具栏中的"旋转" 按钮，选择圆周上的 5 个点，按回车确认选择，以圆心作为基点进行旋转，使一点位于正上方。

（11）单击"绘图"工具栏中的"多段线" 按钮，连接圆周上的点，形成五角星，如图 1 - 35 所示。

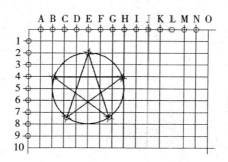

图 1-35 绘制大五角星

（12）单击"绘图"工具栏中的"圆"⊙按钮，以 2、J 交点处为圆心，1 等分为半径画一圆形。使用"定数等分"命令将圆周 5 等分。

（13）单击"绘制"工具栏中的"直线"✎按钮，绘制线段连接大圆与小圆圆心。

（14）单击"修改"工具栏中的"旋转"◎按钮，选择圆周上的 5 个点，以圆心作为基点进行旋转，使一点正对大五角星中心，如图 1-36 所示。

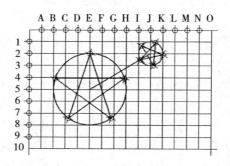

图 1-36 绘制小五角星

（15）同理，再分别以 4、L，7、L，9、J 的交点为圆心，1 等分为半径画圆形，做出其他 3 个小五角星，如图 1-37 所示。

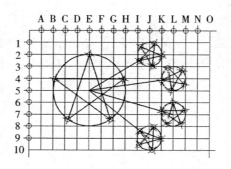

图 1-37 绘制其他小五角星

（16）选择所有圆、线段等辅助线，按【Delete】键删除。

（17）单击"修改"工具栏中的"修剪"✄按钮，选择所有五角星并回车，然后单击五角星内部需要去掉的线段。修剪完成后，如图 1-38 所示。

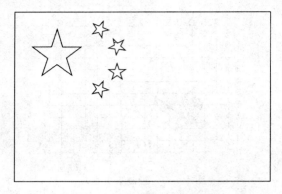

图 1 - 38　五星红旗

（18）对红旗进行填充，最终效果如图 1 - 30 所示。

2. 命令显示：

（1）绘制多段线

命令：_ pline（多段线）

指定起点：（在屏幕上捕捉 B 点）

当前线宽为 0. 0000

指定下一个点或［圆弧（A）/半宽（H）/长度（L）/放弃（U）/宽度（W）］：（捕捉第二点：A 点）

指定下一点或［圆弧（A）/闭合（C）/半宽（H）/长度（L）/放弃（U）/宽度（W）］：（捕捉 C 点）

（2）旋转图形

命令：_ rotate（旋转）

UCS 当前的正角方向：ANGDIR＝逆时针　　ANGBASE＝0

选择对象：找到 1 个（选择要旋转的对象）

选择对象：找到 1 个，总计 2 个

选择对象：（回车确认选择）

指定基点：（选择五角星中心做为基点）

指定旋转角度，或［复制（C）/参照（R）］＜0＞：r　　（选择参照方式）

指定参照角 ＜0＞：指定第二点：（选择小五角星中心和一角）

指定新角度或［点（P）］＜0＞：（选择大五角星中心）

（3）对象修剪

命令：_ trim

当前设置：投影＝UCS，边＝无

选择剪切边：

选择对象或 ＜全部选择＞：找到 1 个（选择要修剪的五角星）

选择对象：（回车确认选择）

选择要修剪的对象，或按住 Shift 键选择要延伸的对象，或［栏选（F）/窗交（C）/投影（P）/边（E）/删除（R）/放弃（U）］：（单击五角星内部要去掉的线段）

选择要修剪的对象，或按住 Shift 键选择要延伸的对象，或［栏选（F）/窗交（C）/

投影（P）/边（E）/删除（R）/放弃（U）]：（单击五角星内部要去掉的线段）

选择要修剪的对象，或按住 Shift 键选择要延伸的对象，或［栏选（F）/窗交（C）/投影（P）/边（E）/删除（R）/放弃（U）]：（单击五角星内部要去掉的线段）

选择要修剪的对象，或按住 Shift 键选择要延伸的对象，或［栏选（F）/窗交（C）/投影（P）/边（E）/删除（R）/放弃（U）]：（单击五角星内部要去掉的线段）

选择要修剪的对象，或按住 Shift 键选择要延伸的对象，或［栏选（F）/窗交（C）/投影（P）/边（E）/删除（R）/放弃（U）]：（回车结束修剪）

方法二：多边形法

1. 操作方法

（1）单击"绘图"工具栏中的"矩形"□按钮，拾取"绘图窗口"中的任意一点，在"命令行"中输入@288，192，回车确认，绘制一个矩形。

（2）在"对象捕捉"项中启用"中点"捕捉。

（3）单击"绘图"工具栏中的"直线" 按钮，捕捉矩形边的中点，绘制水平线和垂直线，将矩形均分为四等份，如图 1 - 39 所示。

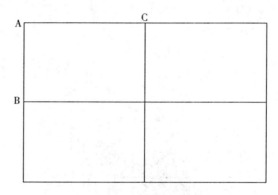

图 1 - 39　四等分长方形

（4）单击"绘图"工具栏中的"直线" 按钮，连接 A、B，A、C，绘制两条线段。

（5）单击"修改"工具栏中的"偏移" 按钮，输入"偏移距离"9.6，选择线段 AC，在 AC 下方单击鼠标，将线段 AC 向下偏移复制。重复对 AC，AB 进行偏移复制，如图 1 - 40 所示。

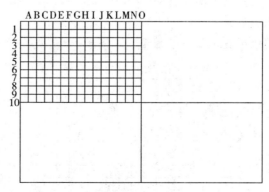

图 1 - 40　偏移复制线 AB、AC

（6）单击"绘图"工具栏中的"多边形" ⬡ 按钮，"输入边的数目"为5，以5、E交点处为中心，单击2、E交点处确定外接圆半径，绘制正五边形。

（7）单击"绘图"工具栏中的"直线" ／ 按钮，连接正五边形上的点，形成五角星，如图1-41所示。

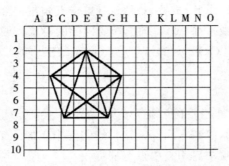

图1-41 绘制大五角星

（8）单击"绘图"工具栏中的"多边形" ⬡ 按钮，"输入边的数目"为5，以2、J交点处为中心，单击1、J交点处确定外接圆半径，绘制正五边形。

（9）单击"绘图"工具栏中的"直线" ／ 按钮，连接五角星中心做线段，以小五角星中心作为基点进行旋转，使一角正对于大五角星中心。

（10）单击"绘图"工具栏中的"多段线" ⟳ 按钮，隔点连接小五边形星各顶点，完成小五星绘制，如图1-42所示。

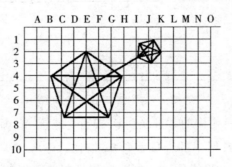

图1-42 绘制小五角星

（11）单击"修改"工具栏中的"复制" 🗐 按钮，选择小五角星，以小五角星中心为基点，复制到4、L交点处。

（12）同理复制出其他小五角星，如图1-43所示。

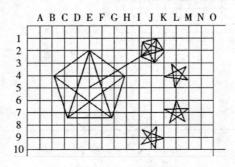

图1-43 五角星绘制效果

（13）选择所有正五边形、线段等辅助线，按【Delete】键删除。

（14）单击"修改"工具栏中的"修剪" ⊬ 按钮，选择所有五角星，回车确认，然后单击五角星内部需要去掉的线段。

（15）对五角星进行填充，最后绘制效果如图 1 - 30 所示。

2. 命令显示：

（1）偏移

命令：_ offset（偏移）

当前设置：删除源＝否　图层＝源　OFFSETGAPTYPE＝0

指定偏移距离或［通过（T）/删除（E）/图层（L）］＜通过＞：9.6

选择要偏移的对象，或［退出（E）/放弃（U）］＜退出＞：（选择要偏移的线段 AC）

指定要偏移的那一侧上的点，或［退出（E）/多个（M）/放弃（U）］＜退出＞：

选择要偏移的对象，或［退出（E）/放弃（U）］＜退出＞：（以相同的距离重复偏移）

指定要偏移的那一侧上的点，或［退出（E）/多个（M）/放弃（U）］＜退出＞：

选择要偏移的对象，或［退出（E）/放弃（U）］＜退出＞：

1.3.3　疑难解答

1. 为什么对象等分后看不到对象上的等分点？如何改变点的显示样式？

答：因为 CAD 默认线宽是 0，点的大小默认也是 0。虽然等分点存在，但是看不到的，要想正常显示对象上的等分点，我们可改变点的点样式。所绘制的点可以用点的目标捕捉方式中节点捕捉方式捕捉。

改变点样式的方法：单击菜单栏【格式】/【点样式】命令，屏幕弹出如图 1 - 44 所示的对话框。在该对话框中，用户可以选择自己需要的点样式，利用其中的"点大小"编辑框可调整点的大小。

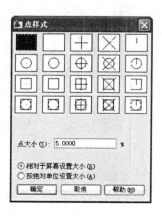

图 1 - 44　"点样式"对话框

2. 为何在状态栏的"对象捕捉"选中的情况下，出现特殊点无法捕捉的现象？

答：状态栏的"对象捕捉"被按下时，能打开点的捕捉功能，只有设置了相应点捕捉方式，才能对该类点进行捕捉。在选择点的提示下执行目标捕捉功能时，AutoCAD 会自动在所捕捉的点处给出一个标志，不同方式的捕捉具有不同的标记。

1.3.4　相关知识

1．多段线

〖功能〗绘制多段线

〖命令输入〗

●下拉菜单：【绘图】/【多段线】

●工具栏：绘图→多段线

●命令：Pline

〖操作格式〗

输入命令后，提示：

指定起点：在屏幕上捕捉起 B 点。

当前线宽为 0.0000

指定下一个点或［圆弧（A）/半宽（H）/长度（L）/放弃（U）/宽度（W）］：

指定下一点或［圆弧（A）/闭合（C）/半宽（H）/长度（L）/放弃（U）/宽度（W）］：

★指定下一点：默认选项，直接输入一点，画从上一点到该点的一段多段线。

★圆弧（A）：输入"A"选取该项，表示将多段线的绘制方式由直线改为圆弧。

★半宽（H）：选取该项，表示将设置多段线的半宽，即输入值是多段线宽度的一半。
输入"H"，继续提示：

指定起点半宽＜0.0000＞：（输入多段线起点宽度的一半）

指定端点半宽＜0.0000＞：（输入多段线端点宽度的一半）

★长宽（L）：输入"L"选取该项，继续提示：

指定直线的长度：（输入多段线的长度）

★放弃（U）：输入"U"选取该项，取消刚绘制的上一条多段线。

★宽度（W）：重新设置多段线的宽度值。输入"W"，继续提示：

指定起点宽度＜0.0000＞：（输入多段线的起始宽度）

指定端点宽度＜0.0000＞：（输入多段线的端始宽度）

2．旋转图形

〖功能〗旋转图形实体

〖命令输入〗

●下拉菜单：【修改】/【旋转】

●工具栏：修改→旋转

●命令：Rotate

〖操作格式〗

输入命令后，提示：

UCS 当前的正角方向：ANGDIR＝逆时针　　ANGBASE＝0

选择对象：找到 1 个

选择对象：

指定基点：

指定旋转角度，或［复制（C）/参照（R）］<0>：r　（选择参照方式）

指定参照角 <0>：指定第二点：（选择小五角星中心和一角）

指定新角度或［点（P）］<0>：（选择大五角星中心）

★选择对象：选择需要旋转的图形对象，可以一次选择多个，回车确认选择。

★指定基点：选择对象旋转的中心点。

★指定旋转角度：默认选项，确定旋转角度。选取该项，直接输入要旋转的角度，也可采用施动方式确定相对旋转角度，则所选图形绕基点旋转相应角度。

★复制（C）：进行旋转复制，输入"C"选取该项，则在此后的旋转操作中，可以进行多次旋转操作。

★参照（R）：以相对角度方式旋转图形。输入"R"选取该项，继续提示：

指定参照角 <0>：输入参照角度。

指定新角度或［点（P）］<0>：输入新的旋转角度。

3．复制图形

〖功能〗将选定图形一次或多次重复绘制。

〖命令输入〗

●下拉菜单：【修改】/【重复】

●工具栏：修改→重复

●命令：Copy

〖操作格式〗

输入命令后，提示：

选择对象：选择要复制的图形对象，回车确认选择。

指定基点或［位移（D）/多个（M）］<位移>：指定第二个点或 <使用第一个点作为位移>：

★指定基点：指定要复制对象的基准点。

★位移（D）：输入对象移动复制的距离。

★多个（M）：可将选定图形随意进行多次复制。

1.3.5　小　结

本任务详细介绍了五星红旗的绘制方法。学习了一些绘图过程中常用到的一些命令的使用方法与技巧，包括直线、矩形、多段线的绘制，图形对象的复制、旋转、偏移等修改命令。读者可以结合具体实例操作步骤学习、领会这些命令的使用方法与技巧。

1.3.6　实训作业

绘制图 1 - 45 所示图形。

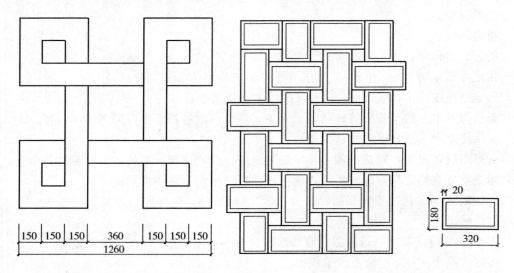

图 1 - 45 实训图形

1.3.7 思考题

1. 使用"Copy"命令，可以把图形复制到任何地方吗？
2. 偏移复制有何特点？在什么情况下应用最方便？
3. 如何更改点样式？
4. 使用直线绘制的一条折线与使用多段线绘制的形状一样的折线有什么区别？

学习情境 2　建筑制图要素绘制

任务 2.1　图　　框

【技能目标】

能熟练掌握 AutoCAD2009 基本绘图操作；能够利用图层、偏移、文字注写完成图框、标题栏的绘制；巩固与复习前面所学知识技能，达到熟练操作、灵活运用程度。

【知识目标】

掌握图层的的概念、特性及设置图层的方法；能完成文字样式的编辑修改与文字注写；能灵活运用复制、偏移等修改工具正确绘制图形。

【学习的主要命令】

矩形、图层、文字、复制、偏移。

2.1.1　图形分析

一般建筑工程制图分横幅与竖幅两类。图纸大小分为 A0、A1、A2、A3、A4，都有其规定的尺寸大小。本任务中以 A3 图框为例，介绍横幅和竖幅图框的制作。横幅 A3 图框的尺寸为 420×297，竖幅 A3 图框的尺寸为 297×420，图幅线为细实线、图框线为粗实线，如图 2-1 所示。我们可以用输入点的坐标的方法，也可以用绘制矩形的方法制作图幅线，使用偏移工具完成图框线的制作。

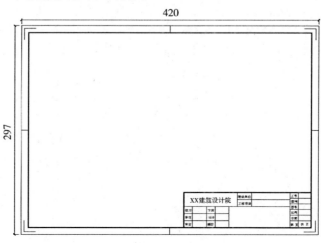

图 2-1　A3 横幅图框效果

　　本任务中标题栏的尺寸为 180×50，我们对矩形分解后的线段进行偏移，再通过修剪、删除等修改完成标题栏制作。文字采用两种大小的字号：7 和 3.5，人们通过定义文字样式，使用多行文字完成标题栏文字注写。

2.1.2　操作步骤

方法一：A3 横幅图框

1. 操作方法

（1）执行【格式】/【图层】命令，打开"图层特性管理器"对话框。

（2）单击"新建图层"工具图标，建立新图层，命名为"图框层"。

（3）回车继续建立新图层，命名为"表线层"，同理建立"文字层"等其他图层。

（4）双击"图框层"，使其前面出现对号，成为当前图层，如图 2-2 所示。

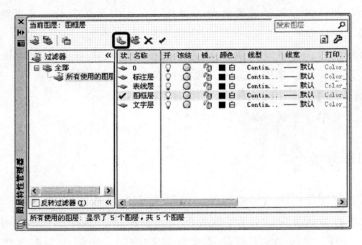

图 2-2　图层特性管理器

　　（5）单击"绘图"工具栏中的"矩形" ▭ 按钮，拾取"绘图窗口"中的任意一点，在"命令行"中输入@420，297，回车确认，绘制一个矩形。

　　（6）单击"修改"工具栏中的"偏移" ▣ 按钮，输入"偏移距离"为 10，选择上面绘制的矩形，在矩形内部单击鼠标，将矩形向内偏移复制，如图 2-3 所示。

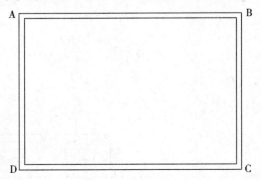

图 2-3　矩形偏移后形态

(7) 单击"绘图"工具栏中的"直线" ✏ 按钮，捕捉 A 点，向右水平移动鼠标，输入 4 并回车，确定线段起点，输入@0,-20 并回车，绘制一条竖线段。

(8) 回车重复直线绘制，捕捉 A 点，向下移动鼠标，输入 4 并回车，输入@20,0 并回车，绘制一条水平线段。

(9) 单击"修改"工具栏中的"修剪" ✂ 按钮，选择前面绘制的两条线段并回车，然后单击需要修剪的线段，修剪完成后如图 2-4 所示。

图 2-4 线段修剪后形态

(10) 单击"修改"栏中的"镜像" ⚮ 按钮，选择修剪后的两条线段并回车，以线段 AB、CD 中点连线为镜像轴，将线段镜像复制到右上角

(11) 同样方法，将线段镜像复制到左下角和右下角。

(12) 单击"绘图"工具栏中的"直线" ✏ 按钮，分别连接内外矩形各边中点做线段，如图 2-5 所示。

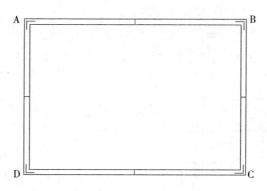

图 2-5 图框效果

(13) 单击"图层"工具栏中的图层控制下拉列表框，选择"表线层"，使其成为当前图层。

(14) 单击"绘图"工具栏中的"矩形" ▢ 按钮，捕捉 C 点内侧矩形角点并回车，输入@-180,50 并回车，完成矩形绘制。

(15) 单击"修改"工具栏中的"分解" ▤ 按钮，选择矩形所示并回车，将矩形分解。

(16) 单击"修改"工具栏中的"偏移" ▣ 按钮，在"命令行"中输入 10 并回车，选择矩形下边线段，在上方单击鼠标，将线段向上进行偏移复制。

（17）继续重复偏移操作，偏移复制出全部水平线，如图 2 - 6 所示。

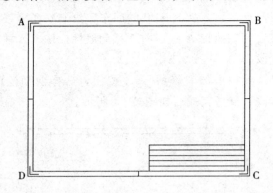

图 2 - 6　偏移复制水平线段

（18）单击"修改"工具栏中的"偏移" 按钮，按图 2 - 7 所示间距进行偏移，完成竖线段的复制。

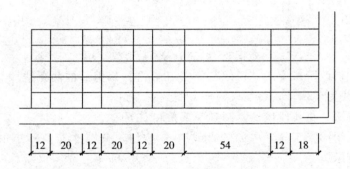

图 2 - 7　偏移竖线段

（19）单击"修改"工具栏中的"修剪" 按钮，选择矩形及上面偏移出的所有线段并回车，然后单击需要去掉的线段。修剪完成后，如图 2 - 8 所示。

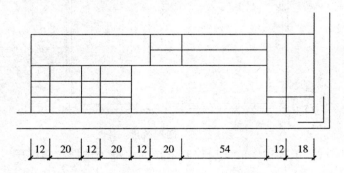

图 2 - 8　修剪后形态

（20）单击"修改"工具栏中的"偏移" 按钮，输入 8，对线段进行偏移复制，如图 2 - 9 所示。

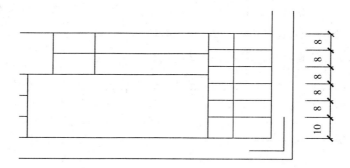

图 2 - 9　偏移后形态

（21）执行【格式】/【文字样式】命令，打开"文字样式"对话框。

（22）在对话框中新建"标题文字"文字样式，如图 2 - 10 所示。

图 2 - 10　"文字样式"对话框

（23）单击"绘图"工具栏中的"多行文字" **A** 按钮，输入文字"XX 建筑设计院"，文字对齐方式选择"正中 MC"，如图 2 - 11 所示。

图 2 - 11　建立文字

（24）单击"文字格式"对话框中"确定"按钮完成文字。

（25）同理，单击"绘图"工具栏中的"多行文字" **A** 按钮，在下方格中输入文字

"核对"，文字对齐方式选择"正中 MC"，字号3.5。

（26）单击"修改"工具栏中的"复制"⬚按钮，选择"核对"文字并回车，选定基点，将文字复制到其他格中，如图 2-12 所示。

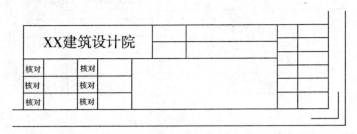

图 2-12　复制文字

（27）双击需要更改的文字进行更改，如图 2-13 所示。

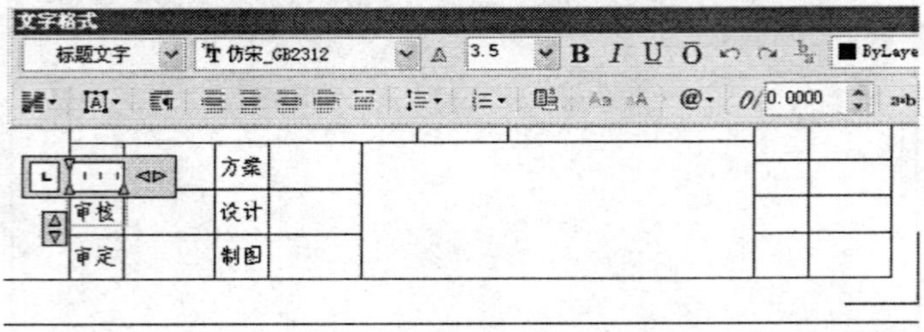

图 2-13　修改复制后文字

（28）同样方式，完成其他文字的书写，如图 2-14 所示。

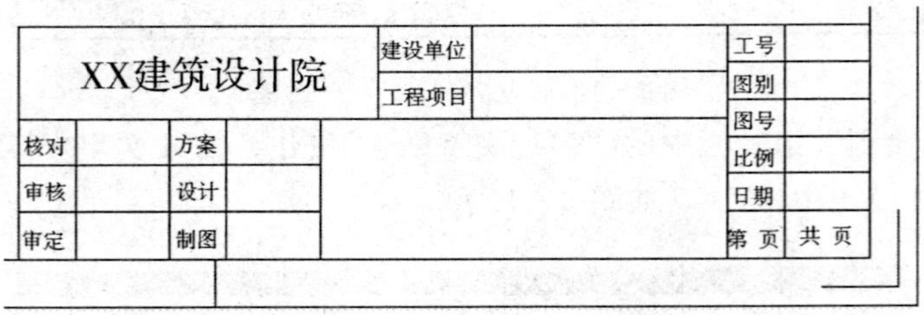

图 2-14　文字完成效果

（29）最终完成效果，如图 2-1 所示。

2. 命令显示

建立多行文字：

图 2-15　建立多行文字示例

命令：_ mtext 当前文字样式："标题文字"　文字高度：7　注释性：否
指定第一角点：（单击输入文字区域的一个顶点，如图 2-15 所示 M 点）

指定对角点或［高度（H）/对正（J）/行距（L）/旋转（R）/样式（S）/宽度（W）/栏（C）］：j（输入对齐方式）

输入对正方式［左上（TL）/中上（TC）/右上（TR）/左中（ML）/正中（MC）/右中（MR）/左下（BL）/中下（BC）/右下（BR）］<左上（TL）>：mc（选择正中对齐方式）

指定对角点或［高度（H）/对正（J）/行距（L）/旋转（R）/样式（S）/宽度（W）/栏（C）］：（单击输入文字区域的对角顶点，如图 2 - 15 所示 N 点，然后输入文字，如：XX 建筑设计院）

方法二：A3 竖幅图框

1. 操作方法

（1）执行【格式】/【图层】命令，打开"图层特性管理器"对话框。

（2）单击"新建图层"工具图标，建立新图层，命名为"图框层"。

（3）回车继续建立新图层，命名为"表线层"，同理建立"文字层"等其他图层。

（4）双击"图框层"，使其前面出现对号，成为当前图层，如图 2 - 16 所示。

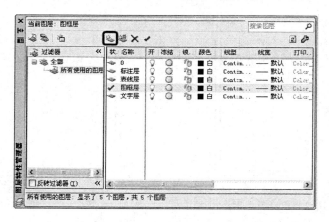

图 2 - 16　图层特性管理器

（5）单击"绘图"工具栏中的"直线" 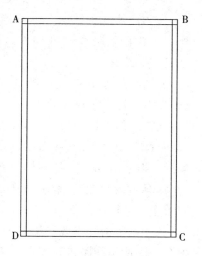 按钮，拾取"绘图窗口"中的任意一点，在"命令行"中输入@297，0 并回车，绘制线段 AB。

（6）回车重复直线绘制，输入@0，- 420 并回车，绘制线段 BC。

（7）回车重复直线绘制，输入@0 - 297，0 并回车，绘制线段 CD。

（8）按【C】键形成闭合曲线，结束直线绘制。

（9）单击"修改"工具栏中的"偏移" 按钮，输入"偏移距离"10，选择上面绘制的线段，在线段内部单击鼠标，进行偏移复制，如图 2 - 17 所示。

（10）单击"修改"工具栏中的"修剪" 按钮，选择前面偏移出的 4 条线段并回车，对多余部分进行修剪。

图 2 - 17　线段偏移后形态

(11) 单击"绘图"工具栏中的"直线" ✏ 按钮，捕捉 A 点，水平向右移动鼠标，输入 4 并回车，确定线段起点，输入@0，-20 并回车，绘制一条竖线段。

(12) 回车重复直线绘制，捕捉 A 点，竖直向下移动鼠标输入 4 并回车，再输入@20，0 并回车，绘制一条水平线段。

(13) 单击"修改"工具栏中的"修剪" ✂ 按钮，选择前面绘制的两条线段并回车，然后单击需要修剪的线段，修剪完成后，如图 2-18 所示。

(14) 单击"修改"栏中的"镜像" ⚏ 按钮，选择修剪后的两条线段并回车，以线段 AB、CD 中点连线为镜像轴，将线段镜像复制到右上角。

(15) 同样方法，将线段也镜像复制到左下角和右下角。

(16) 单击"绘图"工具栏中的"直线" ✏ 按钮，分别从 AB、BC、CD、DA 中心向内侧线段做垂线，如图 2-19 所示。

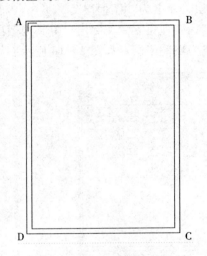

图 2-18 线段修剪后形态

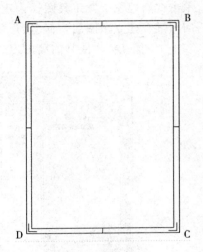

图 2-19 图框效果

(17) 打开"图层特性管理器"对话框，双击"表线层"，使表线层成为当前图层。

(18) 单击"绘图"工具栏中的"矩形" ▢ 按钮，捕捉 C 点内侧矩形角点并回车，输入@-180，50 并回车，完成矩形绘制。

(19) 选择矩形，单击"修改"工具栏中的"分解" 🗗 按钮，将矩形分解。

(20) 单击"修改"工具栏中的"偏移" ⬓ 按钮，在"命令行"中输入 10 并回车，选择矩形下边，在上方单击鼠标，对线段向上进行偏移复制。

(21) 继续重复偏移操作，偏移复制出全部水平线，如图 2-20 所示。

(22) 单击"修改"工具栏中的"偏移" ⬓ 按钮，按图 2-21 所示间距进行偏移，完成竖线段的偏移复制。

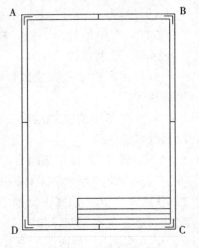

图 2-20 偏移复制水平段

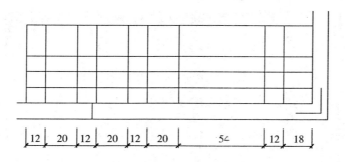

图 2‐21　偏移竖线段

（23）单击"修改"工具栏中的"修剪" ⊹ 按钮，选择矩形及上面偏移出的所有线段并回车，然后单击需要去掉的线段进行修剪。添加缺少的线段，如图 2‐22 所示。

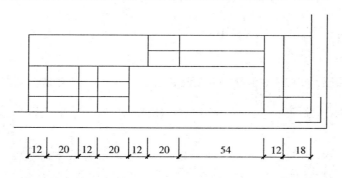

图 2‐22　修剪后形态

（24）单击"修改"工具栏中的"偏移" ⊿ 按钮，输入 8，选择线段进行偏移复制，如图 2‐23 所示。

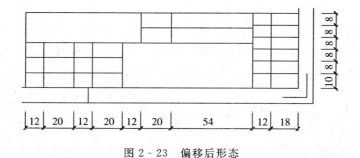

图 2‐23　偏移后形态

（25）执行菜单栏【格式】/【文字样式】命令，打开"文字样式"对话框。

（26）在对话框中新建"标题文字"文字样式，选择"字体"，输入合适的"高度"，如图 2‐24 所示。

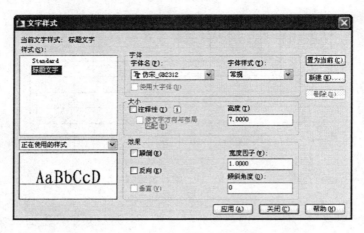

图 2 - 24　"文字样式"对话框

（27）单击"绘图"工具栏中的"多行文字"**A** 按钮，输入文字"核对"，文字对齐方式选择"正中 MC"，如图 2 - 25 所示。

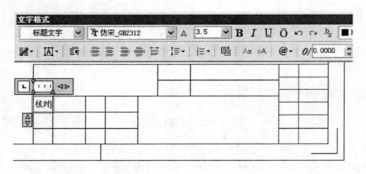

图 2 - 25　建立文字

（28）单击"文字格式"对话框中"确定"按钮完成文字。

（29）单击"修改"工具栏中的"复制" 按钮，选择"核对"文字并回车，选定基点，将文字复制到其他相同大小的格中，如图 2 - 26 所示。

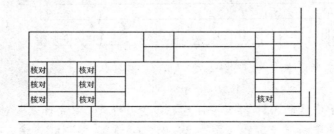

图 2 - 26　复制文字

（30）双击需要更改的文字进行更改。

（31）按相同方法完成其他文字的注写，如图 2-27 所示。

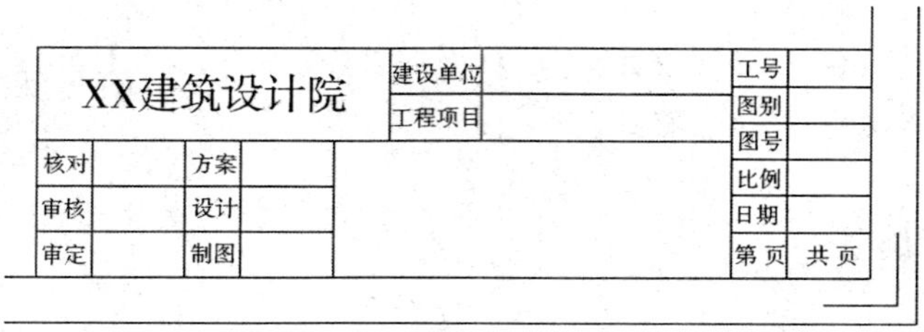

图 2-27 更改文字

（32）选择标题栏外侧线段，单击"特性"工具栏中线宽下拉框，更改为较粗的线宽，如图 2-28 所示。

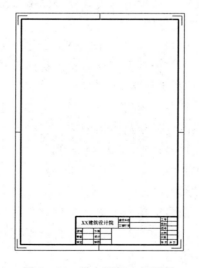

图 2-28 更改线宽

（33）最终完成效果，如图 2-29 所示。

图 2-29 纵向图框、标题栏

2. 命令显示：

绘制图幅线

命令：_line 指定第一点：

指定下一点或［放弃（U）］：@297，0

指定下一点或［放弃（U）］：@0，-420

指定下一点或［闭合（C）/放弃（U）］：@-297，0

指定下一点或［闭合（C）/放弃（U）］：c

2.1.3 疑难解答

1. 如何改变标题栏的线宽？

答：若要更改标题栏的线宽，可先将标题栏中的线段选中，执行菜单栏中【格式】/【线宽】命令，在弹出的"线宽设置"对话框中选择要指定的线宽即可。也可以在"特性"工具栏中为标题栏指定线宽。

2. 在更改了线宽后，为什么线没有变粗？

答：在对线宽做了更改后，如果线宽没有变化，可以检查状态栏上的线宽 ➕ 按钮是否处于打开状态。如果没有打开，更改线宽后是看不到变化的。如果更改的线宽比较细，也是看不出变化的。

3. 为什么不能显示汉字？输入的汉字为什么变成了问号？

答：原因可能有以下几方面：

对应的文字没有使用汉字字体，如 HZTXT.SHX 等。

当前系统中没有汉字字体文件，应将所用到的字体文件复制到 AutoCAD 的字体目录中（一般为...\FONTS\）。

对于某些符号，如希腊字母等，同样必须使用对应的字体文件，否则会显示成"?"。如果找不到错误的字体是什么，你可以重新设置正确字体及大小。

4. 为什么输入的文字高度无法改变？

答：使用的字型的高度值不为 0 时，用 DTEXT 命令书写文本时都不提示输入高度，这样写出来的文本高度是不变的，包括使用该字型进行的尺寸标注。

5. 怎样确定图层是空的，并删除多余的空层？

答：要确定一个图层是不是空的图层，可以执行【格式】/【图层】命令打开图层特性管理器，单击图层的小灯泡图标显示与隐藏图层，这样可以看出该图层是否为空。如果图层为空的话就可以将其删除。另外，purge 命令可以删除空的图层（0 层不能删除），只有空的图层才能被用 purge 命令删除。

6. 在输入文字时，怎样才能使文字排列整齐？

答：单击多行文字图标，用鼠标单击要输入文字表格的一个顶点，看到 CAD 下面的命令提示：输入 J（对齐）时，输入 MC（正中），再用鼠标单击刚才表格顶点的对顶点。输入文字，就能使文字位于表格的正中了。

7. CAD 中如何保存设置好图层的文件，新建文件时不用再重新设置图层？

答：在设置好图层后，可以先保存为样板文件，新建时都选择打开这个样板文件就可以了。还可以对这个样板文件中各项参数进行设置。

2.1.4 相关知识

1. 图层创建与管理

图层是 AutoCAD 提供的一个管理图形对象的工具，用户可以根据图层对图形几何对象、文字、标注等进行归类处理，使用图层来管理它们，不仅能使图形的各种信息清晰、有序、便于观察，而且也会给图形的编辑、修改和输出带来很大的方便。

（1）图层特性管理器

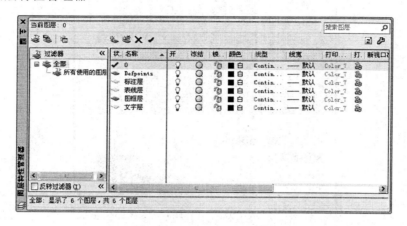

图 2 - 30 图层特性管理器

AutoCAD 提供了图层特性管理器，如图 2 - 30 所示。我们可以通过以下方法打开图层特性管理器。

●选择【格式】/【图层】。

●在命令行中输入"layer"命令。

●单击工具栏中图层 按钮。

图层特性管理器具有以下功能：将图层置为当前图层，添加新图层，删除图层和重命名图层。可以指定图层特性、打开和关闭图层、冻结和解冻图层、锁定和解锁图层、设置图层的打印样式以及打开和关闭图层打印。图层过滤器控制将在列表中显示的图层，也可以用于同时更改多个图层。切换空间时（从模型空间切换到图层空间或从图层切换到视口），将更新图层特性管理器并在当前空间中显示图层特性和过滤器选择的当前状态。

（2）创建新图层

默认情况下，图层 0 将被指定使用 7 号颜色（白色或黑色，由背景色决定）、Continuous 线型、"默认"线宽及 NORMAL 打印样式。在绘图过程中，如果要使用更多的图层来组织图形，就需要先创建新图层 。

在一幅图形中可指定任意数量的图层，系统对图层数没有限制，对每一图层上的对象数也没有任何限制。在图层特性管理器中单击"新建图层" 按钮或按【ALT＋N】键可以建立一个新的图层，缺省层名为"图层 1"，用户可按需要改变新层名，新层的颜色、线型和线宽等自动继承选定图层的特性。

①设置图层颜色

颜色在图形中具有非常重要的作用，可用来表示不同的组件、功能和区域。图层的颜色实际上是图层中图形对象的颜色。每个图层都拥有自己的颜色，对不同的图层可以设置相同的颜色，也可以设置不同的颜色，绘制复杂图形时就可以很容易地区分图形的各部分。

在为图层设置颜色时，可单击选定图层的颜色框，在弹出的"选择颜色"对话框中选择颜色，如图 2 - 31 所示。

图 2 - 31　"选择颜色"对话框

②管理线型

线型是指图形基本元素中线条的组成和显示方式，如虚线和实线等。在 AutoCAD 中既有简单线型，也有由一些特殊符号组成的复杂线型，以满足不同国家或行业标准的使用要求。单击选定图层的线型，则弹出如图 2 - 32 所示的"选择线型"对话框。

图 2 - 32　"选择线型"对话框

在对话框中有一个大列表框，其中列出已从线型库中调入的各种线型，供用户选择。"线型"栏显示线型名称，"外观"栏显示线型样式，"说明"栏显线型描述。默认情况下，在"选择线型"对话框的"已加载的线型"列表框中，只有 Continuous 一种线型，如果要使用其他线型，必须将其加载到"已加载的线型"列表框中，若要加载新的线型，则单击"加载…"按钮，从线型库中装载线型。此时 AutoCAD 会弹出"加载或重载线型"对话框，如图 2 - 33 所示。

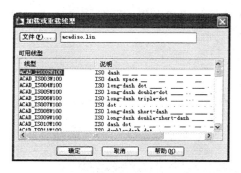 

图 2 - 33 "加载或重载线型"对话框图 图 2 - 34 "线宽"对话框

AutoCAD 有两个线型库文件，Acad. lin 和 Acadiso. lin，可以单击"文件…"指定线型库的路径、文件名。在"可用线型"列表框中列出该线型库文件中的所有线型，供用户选择。

③设置线宽

设置线宽就是改变线条的宽度。在 AutoCAD 中，使用不同宽度的线条表现对象的大小或类型，可以提高图形的表达能力和可读性。要设置图层的线宽，可以在"图层特性管理器"选项板的"线宽"列中单击该图层对应的线宽"—— 默认"，打开"线宽"对话框，如图 2 - 34 所示，在对话框的列表框中列出了 20 多种线宽可供用户选择 。选定后，单击"确定"按钮，返回"图层特性管理器"对话框。

④切换当前层

在"图层特性管理器"对话框的图层列表中，选择某一图层后，单击当前按钮，即可将该层设置为当前层。这时，用户就可以在该层上绘制或编辑图形了。为了操作方便，实际绘图时，主要通过"图层"工具栏（图 2 - 35）中的图层控制下拉列表来实现图层的切换，这时只需选择要将其设置为当前层的图层名即可。

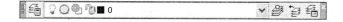

图 2 - 35 "图层"工具栏

⑤改变对象所在图层

在实际绘图过程中，有时绘制完某一图形后，发现该图形并没有绘制在预先设置的图层上，这时可选中该元素，并在"图层"工具栏的图层控制下拉列表框中选择预设图层名，然后按 Esc 键即可。

⑥删除图层

删除选定图层。只能删除未被参照的图层。参照的图层包括图层 0 和 DEFPOINTS、包含对象（包括块定义中的对象）的图层、当前图层以及依赖外部参照的图层。局部打开图形中的图层也被视为已参照并且不能删除。

2. 创建与编辑文字

（1）更改文字样式

在 AutoCAD 中，所有文字都有与之相关联的文字样式。在创建文字注释和尺寸标注时，AutoCAD 通常使用当前的文字样式。也可以根据具体要求重新设置文字样式或创建新的样式。文字样式包括文字"字体"、"大小"、"高度"、"宽度因子"、"倾斜角度"、"反向"、"颠倒"等参数。我们可以通过以下方法打开"文字样式"对话框。

●选择【格式】/【文字样式】

●在命令行中输入"Style"

●工具栏：文字→文字样式

输入命令后，AutoCAD 弹出如图 2 - 36 所示"文字样式"对话框。利用该对话框可以修改或创建文字样式，并设置文字的当前样式。设置完文字样式后，单击"应用"按钮即可应用文字样式。然后单击"关闭"按钮，关闭"文字样式"对话框。

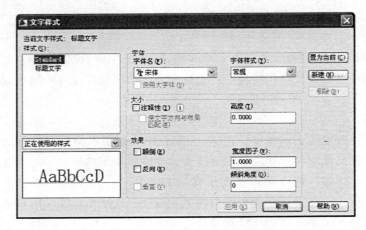

图 2 - 36 "文字样式"对话框

（2）设置文字样式名

"文字样式"对话框的"样式名"选项组中显示了文字样式的名称、创建新的文字样式、为已有的文字样式重命名或删除文字样式，各选项的含义如下。

"样式名"下拉列表框：列出当前可以使用的文字样式，默认文字样式为 Standard。

"新建"按钮：单击该按钮打开"新建文字样式"对话框。在"样式名"文本框中输入新建文字样式名称后，单击"确定"按钮可以创建新的文字样式。新建文字样式将显示在"样式名"下拉列表框中。

"删除"按钮：单击该按钮可以删除某一已有的文字样式，但无法删除已经使用的文字样式和默认的 Standard 样式。

（3）设置字体

"文字样式"对话框的"字体"选项组用于设置文字样式使用的字体和字高等属性。其中，"字体名"下拉列表框用于选择字体；"字体样式"下列表框用于选择字体格式，如斜体、粗体和常规字体等；"高度"文本框用于设置文字的高度。选中"使用大字体"复选框，"字体样式"下拉列表框变为"大字体"下拉列表框，用于选择大字体文件。

如果将文字的高度设为 0 ，在使用 TEXT 命令标注文字时，命令行将显示"指定高度"提示，要求指定文字的高度。如果在"高度"文本框中输入了文字高度，AutoCAD 将按此高度标注文字，而不再提示指定高度。

（4）设置文字效果

在"文字样式"对话框中，使用"效果"选项组中的选项可以设置文字的颠倒、反向、垂直等显示效果，如图 2 - 37 所示。在"宽度比例"文本框中可以设置文字字符的高度和宽度之比，当"宽度比例"值为 1 时，将按系统定义的高宽比书写文字；当"宽度比例"小于 1 时，字符会变窄；当"宽度比例"大于 1 时，字符则变宽。在"倾斜角度"文本框中可以设置文字的倾斜角度，角度为 0 °时不倾斜；角度为正值时向右倾斜；为负值时向左倾斜。

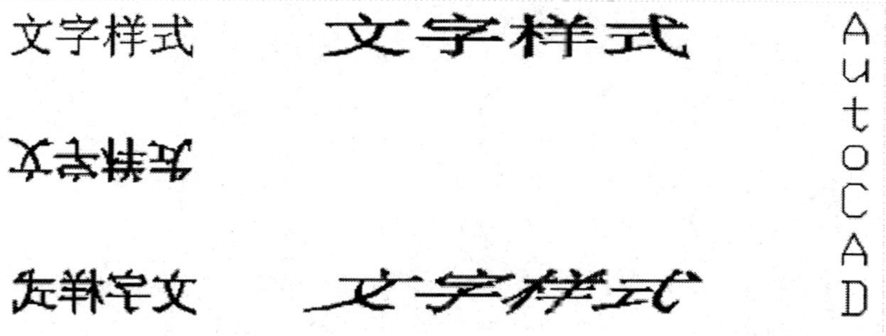

图 2 - 37　文字效果

（5）创建单行文字

〖功能〗标注单行文字

〖命令输入〗

●下拉菜单：【绘图】/【文字】/【单行文字】

●工具栏：文字→单行文字

●命令：Text

〖操作格式〗

执行该命令时，AutoCAD 提示：

当前文字样式：Standard　当前文字高度：2.500C

指定文字的起点或［对正（J）/样式（S）］：

（6）创建多行文字

〖功能〗指定文字的行宽并标注多行文字

〖命令输入〗

●下拉菜单：【绘图】/【文字】/【多行文字】

●工具栏：文字→多行文字

●命令：Mtext

〖操作格式〗

执行该命令时，AutoCAD 提示：

当前文字样式："标题文字"　文字高度：2.5　注释性：否

指定第一角点：（点取文字标注区的第一点）

指定对角点或［高度（H）/对正（J）/行距（L）/旋转（R）/样式（S）/宽度（W）/栏（C）］：

★指定对角点：默认选项，直接输入文字区域的对角点。则 AutoCAD 以输入的二点为对角点形成一个矩形区域，该矩形的宽度即标注的文字行宽度，且以第一点作为文字行顶线的起始点，执行该项后，AutoCAD 会弹出一个如图 2 - 38 所示的"文字格式"文字输入工具框，工具栏用于控制文本的格式，在文字输入框中可以输入相应的文字。

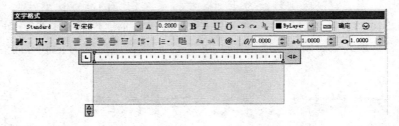

图 2-38　"文字格式"工具栏与文字输入框

2.1.5　小　结

本任务详细介绍了 A3 图框的绘制方法，学习了在绘图过程中常用到的一些命令的使用方法与技巧。学习图层特性管理器使我们对 AutoCAD 中图层有了更深入地认识与理解。通过标题栏文字的注写，用户学会了文字标注的一般方法。结合具体实例操作步骤学习、领会这些命令的使用方法与技巧，达到灵活、熟练操作的程度。

2.1.6　实训作业

1. 绘制图 2-39 所示标题栏。

图 2-39　实训图形

2. 绘制除 A3 图幅以外各种图幅图框。

2.1.7　思考题

1. 如何将绘制好的图形移到另一个图层上？
2. 为什么有的图层不能被删除？
3. 如何更改图形的线宽？
4. 简述书写多行文本的方法？

任务 2.2　标　　高

【技能目标】

熟练掌握 AutoCAD 的基本操作，掌握 AutoCAD 的命令使用方法和技巧，能够利用绘图命令（Blcok、Insert、Wblock 等）和修改命令（Explore）及各种辅助工具绘制、编辑与使用标高符号。

【知识目标】

了解建筑施工图制图规范，明确标高符号的标准画法，掌握绘制过程中所需命令的各种子命令的使用方法和技巧，熟练使用命令的快捷方式。

【学习的主要命令】

分解、创建块、插入块、外部块。

2.2.1　图形分析

建筑施工图中标高符号如图 2-40 所示。由图可知标高符号是由一个高度为 3 mm 的等腰直角三角形与一根长度适中的直线以及标注数据三部分组成。施工图中，往往有多处不同位置需要标注不同的标高，因此，可用属性块命令方便地实现标高数值的修改。

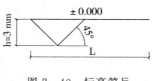

图 2-40　标高符号

2.2.2　操作步骤

方法一：直接绘制法

1. 操作方法

（1）用"直线"（L）命令，采用相对坐标绘制等腰直角三角形的两条直角边。

（2）重复"直线"（L）命令绘制用于标注标高数字的直线。

（3）用"单行文字"（DT）命令标注标高数据。

（4）用"复制"（CO）命令复制标高符号及标注数据到相应位置。

（5）用"编辑文字"（ED）命令修改标注数据。

2. 命令显示

（1）绘制符号

命令：L　并回车

LINE 指定第一点：（可在屏幕上任意指定一点）

指定下一点或［放弃（U）］：@3，-3

指定下一点或［放弃（U）］：@3，3

命令：LINE 指定第一点：（捕捉第一点）

指定下一点或［放弃（U）］：@16，0（数据 16 是用来标注标高数据的直线的长度，读者可以根据具体情况设置）

指定下一点或［放弃（U）］：回车（结束）

（2）标注数据

命令：DT　并回车

TEXT

当前文字样式："标高数据"　文字高度：3.5000　注释性：否

指定文字的起点或［对正（J）/样式（S）］：（指定合适的文字起点位置，若文字样式需要修改的，则先选择字母"S"输入正确的文字样式名）

指定文字的旋转角度＜0＞：回车

（输入标高数据，完毕）

（光标点击别处，确定，结束命令）

（3）复制符号并编辑数据

命令：CO　并回车

COPY

选择对象：指定对角点：找到 4 个（选择绘制好的符号和标注数据）

选择对象：（结束选择）

当前设置：复制模式 ＝ 多个

指定基点或［位移（D）/模式（O）］＜位移＞：（因标高符号所标注的是三角形直角顶点所指位置的标高，故一般指定该顶点作为基点）

指定第二个点或［退出（E）/放弃（U）］＜退出＞：（指定需要标注的位置）

命令：ED　并回车

DDEDIT

选择注释对象或［放弃（U）］：（点击需要修改的标注数据）

（编辑数据为正确标高值并确定编辑结束）

方法二：图块法

1．操作方法

（1）同方法一，绘制好直角三角形及标注数据的直线。

（2）点击菜单【绘图】→【块】→【定义属性…】，打开块"属性定义"对话框，如图 2 - 41 所示。

（3）修改对话框设置如图 2 - 42 所示，其中"标记"、"提示"、"默认"的设置值与实际输入的标高值无关，只是起到提示作用。

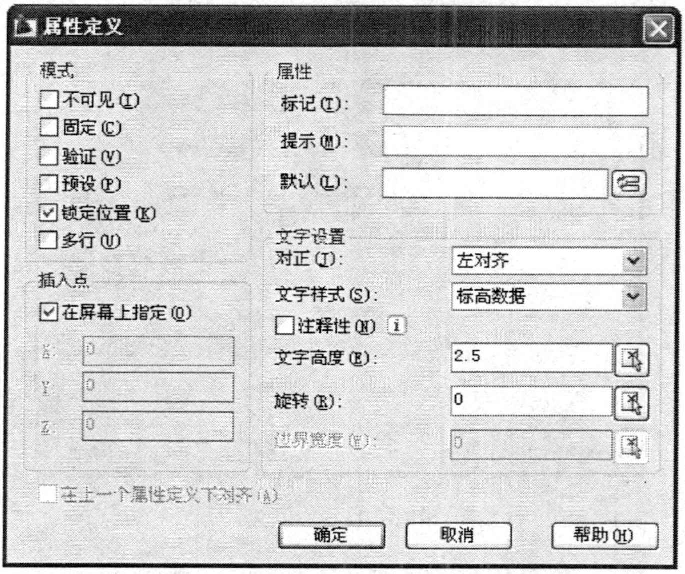

图 2-41　块"属性定义"

图 2-42　块"属性定义"设置

（4）确定设置之后将属性置于标高符号的合适位置，如图 2-43 所示。

图 2-43　定义块属性

（5）输入"块"（B）命令弹出"块定义"对话框，如图 2-44 所示。定义块的各项参

数，如图 2 - 45 所示。将符号及块属性创建成一个块，确定弹出"编辑属性"对话框如图
2 - 46 所示，确定。

图 2 - 44　块定义

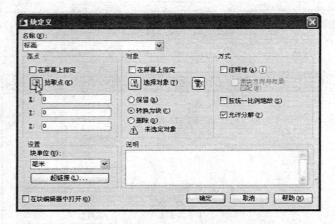

图 2 - 45　块定义的参数

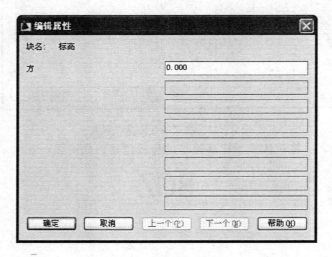

图 2 - 46　编辑属性

（6）读者可发现此时标高符号和块属性组成一个整体，且块属性由原来的标记"BGZ"自动变成默认值"0.000"。

（7）输入"插入块"（I）命令，弹出"插入"对话框，如图 2‐47 所示，选择块名称，确定，在屏幕上指定插入点，输入正确标高值，插入标高符号。

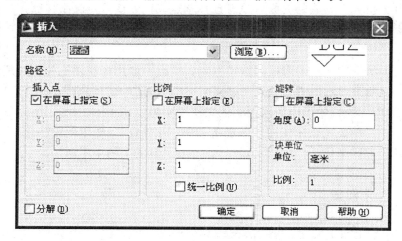

图 2‐47 插入块的设置

2. 命令显示

（1）定义块属性

命令：ATTDEF（弹出定义属性对话框）

（输入标记、提示和默认值，此三处的设置值与实际插入标高值无关，仅作提示之用）

（选择正确的文字样式）

指定起点：（指定的为属性在块中的位置）

（确定）

命令：B 并回车（弹出定义块对话框，输入块名称）

BLOCK 指定插入基点：（指定的基点为后面插入时的点，一般选取块中特殊点。如此处点取标高符号中三角形的直角顶点）

选择对象：指定对角点：找到 4 个（选取的将要定义成一个块的所有对象。如此处选取的应该是三角形、标注的直线、定义好的属性四个对象）

选择对象：回车（结束）

（确定，属性显示从"标记"值自动跳到"默认值"，建块成功）

命令：I 并回车（打开"插入块"对话框）

（选择需要插入的块的名称）

INSERT

指定插入点或［基点（B）/比例（S）/X/Y/Z/旋转（R）］：（在屏幕上点取需要插入块的位置）

（2）输入属性值

请正确输入标高值＜0.000＞：0.900（输入需要标注的位置的正确标高值）

（确定，结束命令）

2.2.3 疑难解答

1. 插入的标高符号为什么找不到或离光标很远？

（1）问题分析：定义块的时候，没有选择基点，而默认基点是坐标原点，当插入块的时候，插入点是默认的原点，所以没有按照光标所在点位置插入，不是插入后找不到就是离光标很远。

（2）解决办法：定义块的时候，选择基点，基点一般选择在块上的特殊位置点（标高符号可以选择直角三角形的直角顶点为基点），这就是插入块时的插入点。

2. 创建好的标高符号可以插入到其他文档里面吗？

答：可以。但是必须把标高符号创建成一个"外部块"（使用"W"命令），这样就可以在插入的时候指定路径，将块插入到任何一个 CAD 的文档中了。

2.2.4 相关知识

1. 创建块（BLOCK）

（1）概念

块就是一个或多个对象的集合体，创建块其实就是定义一个块，创建的块存储在图形数据库中，同一块可根据需要多次被插入到图形中。由定义可知，块可以包含有一个或多个对象。创建块的第一步就是创建一个块定义。在此之前，进行块定义的对象必须已经被画出并能够用创建选择集的方式选择，之后在使用创建块定义时才能选择它们。

创建块时，组成块的对象所处的图层会对对象的特性有所影响。如对象处在 0 层，则该块插入到哪个图层，它就取得哪个图层的颜色和线型，而处在非 0 层上的对象仍然保持它原来所在的层的特性，即使是块被插入到另外的层上也是如此。

（2）激活命令

● 执行菜单【绘图】→【块】→【创建（M）…】；

● 单击"绘图"工具栏上的 图标；

● 命令行输入"BLOCK"或"B"命令。

（3）小知识

在创建块定义时指定的插入点将成为该块将来插入的基准点，也是块在插入过程中缩放或旋转的基点。为了作图方便，应根据图形的结构选择基点。一般将基点选择在块的一些特征位置，如块的中心、左下角或其他地方。有时候插入点不在对象上面要比在对象上面更方便些。

2. 插入块（INSERT）

（1）概念

我们可以使用插入块命令将已经存在的图块插入到当前图形中。插入块时，若在当前的图形中不存在指定名称的块定义，那么系统就会搜索计算机系统的整个空间，以寻找到该名称的图形并把它插入到当前图形中。

（2）激活命令

●执行菜单【插入】→【块（B）…】；

●单击"绘图"工具栏上的 ⊡ 图标；

●命令行输入"INSERT"或"I"命令。

（3）小知识

插入块的时候可以根据实际需要对原创建的块从 X、Y、Z 三个方向进行不同比例的缩放，也可设定插入块时原块的旋转角度。

插入块时还可以使用"MINSERT"命令，通过确定行数、列数及行间距和列间距，以矩阵形式插入多个图块。

AutoCAD 中，还可以使用拖放的方式插入图块。操作步骤为，鼠标拾取 CAD 文件，按住鼠标左键将文件拖到打开的 CAD 图形窗口中，松开鼠标左键，根据提示指定插入点和缩放比例，这样即可将所选择的文件按指定参数插入到当前文件中的指定位置。

3. 分解（EXPLODE）

（）概念

EXPLODE 命令可以分解一个已创建的块，其使用范围很广，不仅可以使块转化为分离的对象，还能使多段线、多线、多边形等分离成独立的简单的直线和圆弧对象。

一个块中可能包含其他的块，EXPLODE 命令只能在一个层次上进行，即它只能分解为当初创建块时所选择的构成块的各个对象，对于带有嵌套元素的块，分解操作后，这些对象仍然将保持其被选中作为构成块的对象时的状态。若要完全分解，只能进一步使用分解命令将它们分解。

（2）激活命令

●执行菜单【修改】→【分解】；

●单击"修改"工具栏上的 ⊡ 图标；

●命令行输入"EXPLODE"或"X"命令。

（3）小知识

用"MINSERT"命令插入的块不能被分解。

4. 写块（WBLOCK）

（1）概念

在 AutoCAD 中，我们可以用 WBLOCK 命令将对象或图块保存到一个图形文件中。用 WBLOCK 命令创建的图形可由当前图形中所选定的块组成，也可由在当前图形中所选定的对象组成。

由 WBLOCK 命令保存的图形文件可以以块的方式插入到任意一个文件中。

（2）激活命令

●命令行输入"WBLOCK"或"W"命令。

（3）小知识

创建外部块文件时，必须指定文件保存路径，后期插入时指定相应的路径才能准确插入图块。

2.2.5 小 结

通过标高符号的绘制，本任务主要讲解了创建块、插入块、写块（建立外部块）、以及块分解命令的使用方法和技巧。任务中提到的命令以对话框的方式与读者进行交互式的数据交流，要求读者根据实际情况进行数据的设置，如插入块（INSERT）命令的对话框中，在插入块时可以对原创建的块进行 X、Y、Z 三个方向的按照不同比例缩放，使绘图过程和结果更具灵活性。各个命令的细部设置及达到的效果还需读者自行揣摩、练习，以便找到更快捷的绘图方法和技巧。

2.2.6 实训作业

1. 将图 2‑48 所示指北针创建为一个名为"指北针"的外部块，以文档形式保存，以便插入到所需要的文档。

上机提示：指北针符号是由一个直径为 24 mm 的圆和一个端部宽度为 3 mm 的箭头组成。绘制时箭头可采用多段线（PLINE）的命令，设置起点宽度为 0，端点宽度为 3，分别捕捉圆的上下两个象限点绘制。

图 2‑48 指北针

2. 将一立面窗户（如图 2‑49）创建为一个名为"立面推拉窗"的外部块。

上机提示：由于建筑中窗户的宽度和高度不一致，所以作为创建块的对象的窗户图形可以以基数来绘制，如窗户的高度和宽度均绘制成尺寸为 1000 的，插入时分别进行 X 和 Y 方向的缩放，如一个 1800 * 1200 的窗户就可以分别设 X 和 Y 方向的缩放比例因子为 1.8 和 1.2。

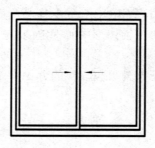

图 2‑49 立面推拉窗

2.2.7　思考题

1. 下列对象可以用 EXPLODE 命令分解的是 （　　）。
   A. 用 POLYGON 命令绘制的正五边形
   B. 用 RECTANG 命令绘制的矩形
   C. 用 CIRCLE 命令绘制的直径为 20 的圆
   D. 用 PLINE 命令绘制的箭头
2. 插入块时可以设置的参数包括 （　　）。
   A. 插入点的位置　　　　　　　　　B. 插入块的缩放比例
   C. 插入块是否分解　　　　　　　　D. 插入块的旋转角度
3. 如何把一个内部块转换为外部块？
4. 简述改变外部文件插入到当前文件的块的特性的步骤。

任务 2.3 轴 线 符 号

【技能目标】

熟练掌握 AutoCAD 的基本操作，掌握 AutoCAD 的命令使用方法和技巧，能够利用绘图命令（Blcok、Insert、Wblock 等）和修改命令（Explore）及各种辅助工具绘制和编辑轴线符号，达到熟能生巧的训练目的。

【知识目标】

了解施工图中轴线符号的标准画法，掌握绘制过程中所需命令的各种子命令的使用方法和技巧，熟练使用命令的快捷方式。

【学习的主要命令】

分解、创建块、插入块、外部块。

2.3.1 图形分析

建筑施工图中的轴线符号如图 2 - 50 所示。由图可知轴线符号是由一个直径为 8～10 mm 的圆与一个阿拉伯数字或者大写拉丁字母组成，且数字或字母在轴圈中居中。轴线符号标注的是轴线的编号，故施工图中会出现大量编号不一样的轴线符号。下面具体介绍怎样建立轴线符号并标注不同的轴线编号。

图 2 - 50 轴线符号

2.3.2 操作步骤

方法一：直接绘制法

1. 操作方法

（1）用"圆"（C）命令，绘制一个半径为 4 的圆为轴线圈。

（2）采用"单行文字"（DT）命令标注轴线编号。

（3）用"复制"（CO）命令复制轴圈及轴线编号到相应位置。

（4）用"编辑文字"（ED）命令修改轴线编号。

2. 命令显示

（1）绘制轴圈

命令：C 并回车

CIRCLE 指定圆的圆心或［三点（3P）/两点（2P）/切点、切点、半径（T）］：（读者可在屏幕上任意指定一点为圆心点）

指定圆的半径或［直径（D）］：4 并回车（平、立、剖面图中轴圈的直径为 8 mm，详图中为 10 mm）

（2）标注轴线编号

命令：DT 并回车

TEXT

当前文字样式："轴号"　文字高度：2.5000　注释性：否

指定文字的起点或［对正（J）/样式（S）］：j（选择对正方式）

输入选项

［对齐（A）/布满（F）/居中（C）/中间（M）/右对齐（R）/左上（TL）/中上（TC）/右上（TR）/左中（ML）/正中（MC）/右中（MR）/左下（BL）/中下（BC）/右下（BR）］：mc

指定文字的中间点：（捕捉轴圈的圆心点）

指定高度＜2.5000＞：5　并回车（轴圈直径为 8 mm，轴线编号为 5 号字）

指定文字的旋转角度＜0＞：回车（文字不需要旋转）

（输入轴线编号，回车，结束命令）

（3）复制符号并编辑轴线编号

命令：CO　并回车

COPY

选择对象：指定对角点：找到 2 个（同时选择轴圈和轴线编号）

选择对象：回车（结束选择）

当前设置：复制模式：多个

指定基点或［位移（D）/模式（O）］＜位移＞：指定第二个点或＜使用第一个点作为位移＞：（点取对象上的一个基点）

指定第二个点或［退出（E）/放弃（U）］＜退出＞：（点取需标注的轴线位置）

命令：ED　并回车

DDEDIT

选择注释对象或［放弃（U）］：（选择复制出来的轴线编号）

（编辑数据为正确编号并确定编辑结束）

方法二：图块法

1. 操作方法

（1）同方法一绘制好轴圈。

（2）点击菜单【绘图】→【块】→【定义属性…】，打开块"属性定义"对话框，如图 2 - 51 所示。

图 2 - 51　块"属性定义"

（3）改对话框设置如图 2 - 52 所示，其中"标记"、"提示"、"默认"的设置值与实际输入的标高值无关，只是起到提示作用。

（4）确定设置之后将属性置于标高符号的合适位置，如图 2‐53 所示。

图 2‐52　块"属性定义"设置　　　　图 2‐53　定义块属性

（5）输入"块"（B）命令弹出"块定义"对话框，如图 2‐54 所示，定义块的各项参数，如图 2‐55 所示，将轴号及块属性创建成一个块，确定弹出"编辑属性"对话框如图 2‐56 所示，确定。

图 2‐54　块定义

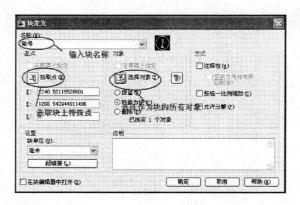

图 2‐55　块定义的参数

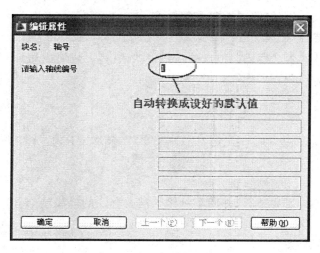

图 2 - 26　编辑块属性

（6）读者会发现此时轴线符号和块属性组成一个整体，且块属性由原来的标记"ZH"自动变成默认值"1"。

（7）输入"插入块"（I）命令，弹出"插入"对话框，如图 2 - 57 所示，选择块名称，在屏幕上指定插入点，输入正确轴线编号，插入轴线符号。

图 2 - 57　插入块的设置

2．命令显示

（1）定义块属性

命令：ATTDEF　并回车（弹出定义属性对话框）

（输入标记、提示和默认值，此三处的设置值与实际插入标高值无关，仅作提示之用）

（选择正确的文字样式）

指定起点：（指定的为属性在块中的位置）

（回车）

命令：B　并回车（弹出定义块对话框，输入块名称）

BLOCK 指定插入基点：（指定的基点为后面插入时的点，一般选取块中特殊点。如此处捕捉轴圈符号上的象限点）

选择对象：指定对角点：找到 2 个（选取的是将要定义成一个块的所有对象。如此处

选取的应该是轴圈、定义好的属性四个对象）

选择对象：（结束）

（确定，属性显示从"标记"值自动跳到"默认值"，建块成功）

命令：I　并回车（打开"插入块"对话框）

（选择需要插入的块的名称）

INSERT

指定插入点或［基点（B）/比例（S）/X/Y/Z/旋转（R）］：（在屏幕上点取需要插入块的位置）

输入属性值

请输入轴线编号＜1＞：2　并回车（输入需要标注的轴线的编号）

2.3.3　疑难解答

1. 轴线符号文字不在轴圈中心怎么办？

答：如果是单行文字，一是目估移动，二是删去重新输入，只是输入文字时要用设置对正方式为"正中"MC 选项，指定点时捕捉圆的圆心即可。若是多行文字，适中后，右击激活多行文字编辑对话框后，调整对正方式为"正中"MC 即可。

2. 插入的块颜色可以改变吗？

答：可以，有两种方法可以改变插入的块的颜色。第一是建块的时候放在 0 图层上，颜色为白色，这种情况下建好的块，插入时随当前层的属性。第二种方法是分解插入的块，使其包含的各个对象为独立体，可以更改其属性。

3. 在 0 图层上创建的图块与非 0 图层上创建的图块有何不同？

答：在 0 图层上创建的图块插入时，其属性随当前层，在非 0 图层上创建的图块其属性不变，即属性保持创建时的属性。

4. 内部块与外部块有何区别？

内部块是把图形在当前图形文件中保存为块，占用当前文件一定空间且一般不能为其他文件直接共用。外部块是把图形存为独立的图形文件，不占用当前文件空间，能为其他文件直接调用。

2.3.4　相关知识

1. 修改图块

在 CAD 制图中，经常遇到以前绘制或插入的图块有错误或不适合，需要修改已插入的图块，方法有：

（1）修改一个图块。选中修改对象→分解→修改。

（2）修改多个内部图块。重新绘制建块图形 →重新定义同名称图块 →选择替换→确定。

（3）修改外部图块。重新绘制建块图形→在同位置重新定义同名称图块 →确定→选择替换（完成替换外部块文件）→INSERT →再选择替换确定（完成替换本文档中图块修改）。

2. 动态块

动态块是在定义的块中添加一定的参数与动作，使其具有灵活性和智能性。用户操作时可以轻松地更改图形中的动态块参照，通过自定义夹点或自定义特性来操作动态块参照中的几何图形，这使得用户可以根据需要在位调整块，而不用搜索另一个块再插入或重定义现有的块，因而大大提高了绘图的灵活性与效率。例如，如果在图形中插入一个门块参照，则在编辑图形时可能需要更改门的方向，如果该块是动态的，并且定义为可调整方向，那么只需单击自定义的按钮或在"特性"选项板中指定不同的方向就可以了。

2.3.5　小　结

通过轴线符号的绘制，重新复习与巩固创建块、插入块、写块（建立独立块）命令的使用方法和技巧。各个命令的细部设置及达到的效果还需读者自行揣摩、练习，以便找到更快捷的绘图方法和技巧。

2.3.6　实训作业

创建如图 2 - 58 所示三个图形，并保存为外部块。

上机提示：建议把绘图尺寸按单位块做，如边长是 1000 或直径是 1000。

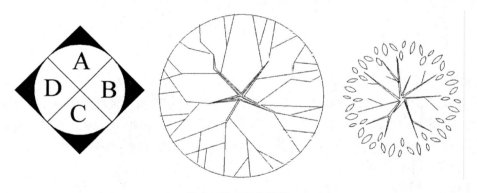

图 2 - 58　实训图形

2.3.7　思考题

1. 为什么输入的轴号文字高度无法改变？
2. 描述三种输入命令的方法，并说明命令运行的过程有何特点？
3. 简述分别用 BLOCK 命令和 WBLOCK 命令创建的块之间的区别。
4. 试探究标高符号动态块做法。说明动态块与非动态块相比有何优点。

学习情境 3　建筑构配件绘制

任务 3.1　平　面　门　窗

【技能目标】

掌握几种基本图形的绘图命令，如圆、圆弧命令及偏移命令等。通过绘制建筑平面图中的平面门、窗，进一步掌握建筑绘图的基本方法与技巧，熟练掌握绘图与修改命令的具体应用。

【知识目标】

绘制平面门、窗用到的绘图命令除了直线和矩形命令外，还有圆、圆弧命令、偏移命令等，绘制圆、圆弧的方法有多种，要理解各实体绘图命令的参数、选项和关键字的意义和使用方法；在绘图过程中，还要灵活使用辅助绘图工具如"正交"、"对象捕捉"等。

【学习的主要命令】

圆、圆弧、偏移命令。

3.1.1　平面门

3.1.1.1　图形分析

平面门图形由一个矩形和一段圆弧组成，绘制矩形可以用"直线"命令或"矩形"命令绘制。在图 3-1（a）中，以中点 B 作为矩形的起点，绘制矩形。绘制圆弧时有多种方法，在图 3-1（b）中，以 A 点、B 点、C 点作为圆弧的参考点，绘制圆弧。

3.1.1.2　操作步骤

方法一：矩形法

1. 操作方法

（1）绘制表示门的矩形

执行"矩形"命令，捕捉门洞口，如图 3-1（a）下端线的"中点"B 点作为矩形的"第一个角点"，向左移动鼠标，设置长度＝1000，宽度＝30，绘制如图 3-1（b）所示门扇。

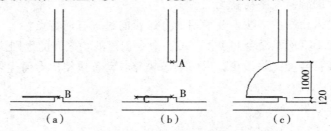

图 3-1　绘制平面门流程

（2）绘制表示门转动轨迹的圆弧

选择【绘图】/【圆弧】/【起点、圆心、端点】选项，分别捕捉门洞口的上、下端线的中点 A、B 以及矩形的左下角点 C［见图 3-1（b）］，作为圆弧的起点、圆心、端点，绘制结果如图 3-1（c）所示。

2. 命令显示：

（1）绘制表示门的矩形

命令：_ rectang

指定第一个角点或［倒角（C）/标高（E）/圆角（F）/厚度（T）/宽度（W）］：

指定另一个角点或［尺寸（D）］：@-1000，30

（2）绘制表示门转动轨迹的圆弧

命令：_ arc 指定圆弧的起点或［圆心（C）］；

指定圆弧的第二个点或［圆心（C）/端点（E）］：_c（指定圆弧的圆心）

指定圆弧的端点或［角度（A）/弦长（L）］：

方法二：直线法

1. 绘图步骤

右键单击状态栏上"对象捕捉"按钮，在"草图设置"对话框中，设置"中点捕捉"。

单击"直线"命令，打开"正交"功能，捕捉门洞口［如图 3-1（a）］下端线的"中点"B 点作为起点，向左移动鼠标，输入 1000，向上移动鼠标，输入 30，向右移动鼠标，输入 1000，输入 C，确定，完成门扇绘制。

选择【绘图】菜单【圆弧】/【起点、圆心、角度】选项，分别捕捉门洞口的上、下端线的中点 A、B［见图 3-1（b）］，作为圆弧的起点、圆心，输入圆弧包含角度 90°，绘制表示门转动轨迹的圆弧。

2. 命令显示

命令：_ line 指定第一点：

指定第一点：

指定下一点或［放弃（U）］：＜正交 开＞1000

指定下一点或［放弃（U）］：30

指定下一点或［闭合（C）/放弃（U）］：1000

指定下一点或［闭合（C）/放弃（U）］：c

命令：_ arc 指定圆弧的起点或［圆心（C）］：

指定圆弧的第二个点或［圆心（C）/端点（E）］：_c 指定圆弧的圆心

指定圆弧的端点或［角度（A）/弦长（L）］：_a　指定包含角：90

3.1.1.3　疑难解答

1. 绘制平面门时应采用哪种方式绘制圆弧？

AutoCAD 中有 11 种不同的方式绘制圆弧，采用哪种方式取决于可获取的圆弧的构成信息和个人的习惯。请参考后面的绘制圆弧命令。需要注意的是，本例中第一种方法采用起点、圆心、端点作为参考点绘制，圆弧的起点不同，绘制的圆弧不同。第二种方法采用起点、圆心、角度参数作图，注意输入角度时，如果输入的是正值，程序将按逆时针方向绘制圆弧，如果输入的是负值，程序将按顺时针方向绘制圆弧。

3.1.2　平面窗

3.1.2.1　图形分析

平面窗图形（如图 3-2 所示）由一个矩形和两条横线组成。可以用"直线"命令或"矩形"命令完成作图。绘制平面窗里面的直线时，定位直线的位置是关键，可以用设置竖直线的等分点、用"偏移"命令或绘制水平线的方法完成。

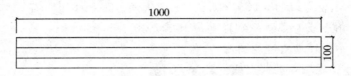

图 3-2　平面窗

3.1.2.2　操作步骤

方法一：直线法

1. 操作方法

（1）水平线绘制与偏移

单击绘图工具栏中的"直线"按钮，拾取绘图窗口中的任意一点，打开正交，向右移动鼠标，在命令行中输入 1000，连续按两次 Enter 键，绘制一条长 1000 的线段。

单击修改工具栏中的"偏移"按钮，在命令行中输入 100，按 Enter 键。结果如图 3-3 所示。

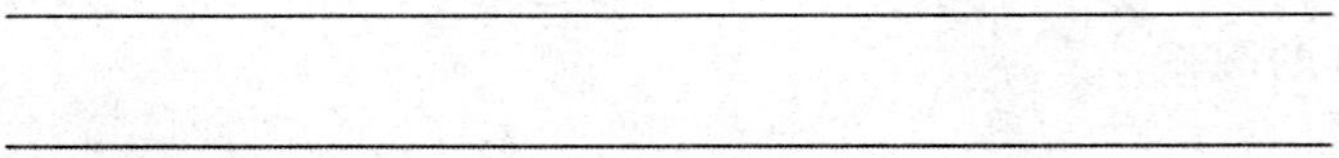

图 3-3　水平线偏移

（2）竖直线偏移

单击绘图工具栏中的"直线"按钮，将两条线段的左端点连接起来。

单击修改工具栏中的"偏移"按钮，在命令行中输入 1000，按 Enter 键，然后选择竖向线段，在其右侧单击鼠标，结果如图 3-4 所示。

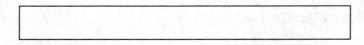

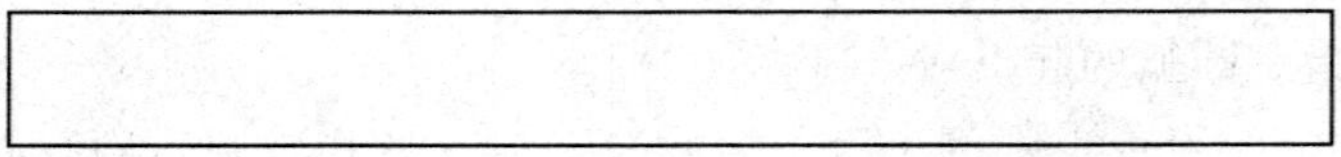

图 3-4　竖直线偏移

（3）水平线偏移

①定数等分

首先设置点样式：单击【格式】菜单"点样式"命令，选择第四种样式。

定数等分：选择【绘图】/【点】/【定数等分】命令，选择竖直线，输入线段数目 3，确定，将竖直线等分为 3 段，如图 3-5 所示。

②水平线偏移

单击修改工具栏中的"偏移"按钮，在命令行中输入 T，按 Enter 键，然后选择水平线段，捕捉节点并单击，偏移出一条通过节点的水平线，再选择刚偏移出的水平线，再捕捉第二个节点并单击，偏移出第二条水平线，如图 3‑5 所示。

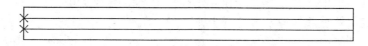

图 3‑5　定数等分与水平线偏移

③删除点

单击选中图 3‑5 中的点，单击"修改"工具栏中的"删除"按钮即可删除。

2. 命令显示

命令：_ line 指定第一点：

指定下一点或［放弃（U）］：＜正交 开＞1000

指定下一点或［放弃（U）］：

命令：_ offset

指定偏移距离或［通过（T）］＜1000.0000＞：100

选择要偏移的对象或＜退出＞：

指定点以确定偏移所在一侧：

选择要偏移的对象或＜退出＞：

命令：_ line 指定第一点：

指定下一点或［放弃（U）］：

指定下一点或［放弃（U）］：

命令：_ offset

指定偏移距离或［通过（T）］＜100.0000＞：100

选择要偏移的对象或＜退出＞：

指定点以确定偏移所在一侧：

选择要偏移的对象或＜退出＞：

命令：_ divide

选择要定数等分的对象：

输入线段数目或［块（B）］：3

命令：_ offset

指定偏移距离或［通过（T）］＜1000.0000＞：t

选择要偏移的对象或＜退出＞：

指定通过点：捕捉等分点，偏移生成一条水平线。

选择要偏移的对象或＜退出＞：

指定通过点：捕捉等分点，偏移生成第二条水平线。

选择要偏移的对象或＜退出＞：

命令：_ erase 找到 2 个

方法二：矩形法

1. 操作步骤

单击绘图工具栏"矩形"命令按钮，拾取绘图窗口中的任意一点作为平面窗的左下角点。

输入平面窗的另一个角点的坐标（@1000，100），确定。

单击修改工具栏中的"分解"按钮，选择矩形，使矩形分解。

将竖直线定数等分成 3 段，方法同上。

单击绘图工具栏中的"直线"按钮，单击第一个节点，打开正交，向右移动鼠标，在命令行中输入 1000，确定，绘制平面窗内的第一条水平线。重复操作，绘制平面窗内的第二条水平线。

2. 命令显示

命令：_ rectang

指定第一个角点或［倒角（C）/标高（E）/圆角（F）/厚度（T）/宽度（W）］：

指定另一个角点或［尺寸（D）］：@1000，100

命令：_ explode

选择对象：找到 1 个

选择对象：

命令：_ divide

选择要定数等分的对象：

输入线段数目或［块（B）］：3

命令：_ line 指定第一点：

指定下一点或［放弃（U）］：＜正交 开＞ 1000

指定下一点或［放弃（U）］：

命令：_ line 指定第一点：

指定下一点或［放弃（U）］：1000

指定下一点或［放弃（U）］：

3.1.2.3　疑难解答

1. 偏移命令的特点是什么？

答：Offset 命令可以将对象平移指定的距离，创建一个与原对象类似的新对象。它可操作的图元有直线、圆、圆弧、多段线、椭圆、构造线和样条曲线等。当偏移一个圆时，可创建同心圆，如图 3 - 6（a）所示。当偏移一条闭合的多段线时，也可建立一个与原对象形状相同的闭合图形，如图 3 - 6（b）所示。

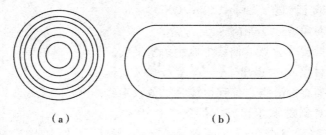

（a）　　　　　　　　　　（b）

图 3 - 6　偏移图形

2. 怎样利用"对象捕捉"中的"捕捉自"功能？

答："捕捉自"功能是以一个临时参考点为基准点，以基准点偏移一定距离确定捕捉点。方法是先执行绘图命令，再选中"对象捕捉"中的"捕捉自"命令，然后用鼠标单击基点，再输入偏移量以确定作图的起始点。

例如，柱网中，要求绘制一个 300×300 的柱子，而且柱子的中心与轴线交点重合。如图 3 - 7 所示。

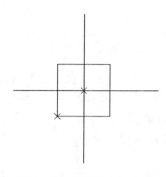

图 3 - 7 "捕捉自"功能

具体操作步骤如下：

单击工具栏中"矩形"按钮，按住 Shift 键右击屏幕，在弹出的"对象捕捉"快捷菜单中选中"自"模式，命令行提示：

指定第一个角点或［倒角（C）/标高（E）/圆角（F）/厚度（T）/宽度（W）：from 基点（此时单击轴线交点）

＜偏移＞：@ - 150, - 150（矩形第一角点坐标）

指定另一角点：@300, 300（矩形的第二角点坐标）

3.1.3 相关知识

3.1.3.1 绘制圆

1. 功能：绘制指定要求的圆。

2. 命令输入：

●下拉菜单：【绘图】/【圆】

●工具按钮：在"绘图"工具栏中单击"圆"按钮 ⊙

●命令：Circle

3. 命令选项

执行 Circle 命令，AutoCAD 提示：

指定圆的圆心或［三点（3P）/两点（2P）/切点、切点、半径（T）］：

在 AutoCAD 2009 中，可以使用 6 种方法绘制圆 。

（1）根据圆心和半径绘圆（CR）

●下拉菜单：【绘图】/【圆】/圆心、半径

●命令：Circle

指定圆的圆心或［三点（3P）/两点（2P）/切点、切点、半径（T）］：（指定圆心位置）

指定圆的半径或［直径（D）］：50（输入圆的半径或指定一点，如图 3 - 8 所示）

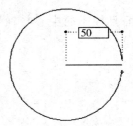

图 3 - 8 指定圆心和半径

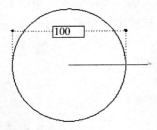

图 3 - 9 指定圆心和直径

（2）根据圆心和直径绘圆（CD）

●下拉菜单：【绘图】/【圆】/圆心、直径

●命令：Circle

指定圆的圆心或［三点（3P）/两点（2P）/切点、切点、半径（T）］：（输入圆心位置）

指定圆的半径或［直径（D）］<50.0000>：d

指定圆的直径 <100.0000>：100（如图 3 - 9 所示）

（3）根据三点绘圆（3P）

●下拉菜单：【绘图】/【圆】/三点（3）

●命令：Circle

指定圆的圆心或［三点（3P）/两点（2P）/切点、切点、半径（T）］：3p

指定圆上的第一个点：

指定圆上的第二个点：

指定圆上的第三个点：

则绘出通过这三点的圆。例如，根据三角形的三个角点绘圆（如图 3 - 10 所示）。

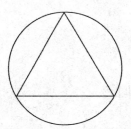

图 3 - 10 指定三点

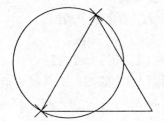

图 3 - 11 指定二点画圆

（4）根据两点绘圆（2P）

●下拉菜单：【绘图】/【圆】/两点（2）

●命令：Circle

指定圆的圆心或［三点（3P）/两点（2P）/切点、切点、半径（T）］：2p

指定圆直径的第一个端点：（输入第一点）

指定圆直径的第二个端点：（输入另一点）

则绘出以这两点连线为直径的圆。例如，根据三角形的两个角点绘圆（如图 3 - 11 所示）。

（5）绘制与两个对象相切，且半径为给定值的圆（TTR）

●下拉菜单：【绘图】/【圆】/相切，相切，半径

●命令：Circle

指定圆的圆心或［三点（3P）/两点（2P）/切点、切点、半径（T）］：_ ttr

指定对象与圆的第一个切点：

指定对象与圆的第二个切点：

指定圆的半径＜半径默认值＞：（输入圆半径）

则绘出与两个指定对象相切，以输入值为半径的圆。例如，绘制与三角形两条边相切，指定半径为50的圆，如图3-12所示。

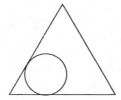 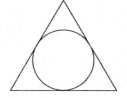

图3-12　"TTR"方式画圆　　　　图3-13　"TTT"方式画圆

（6）绘出与两个对象相切，且半径为给定值的圆（TTT）

●下拉菜单：【绘图】/【圆】/相切，相切，相切

●命令：Circle

指定圆的圆心或［三点（3P）/两点（2P）/切点、切点、半径（T）］：_ 3p 指定圆上的第一个点：_ tan 到（选择第一个被切对象）

指定圆上的第二个点：_ tan 到（选择第二个被切对象）

指定圆上的第三个点：_ tan 到（选择第三个被切对象）

绘出与三个对象相切的圆。例如，绘制与三角形三条边相切的圆，如图3-13所示。

3.1.3.2　绘制圆弧

1. 功能：绘制指定尺寸的圆弧。

2. 命令输入

●下拉菜单：【绘图】/【圆弧】命令中的子命令，如图3-14所示。

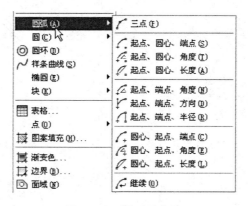

图3-14　圆弧子菜单

●工具按钮：在"绘图"工具栏中单击"圆弧"按钮 ⌒ 。

●命令：ARC。

3. 命令选项

(1)"三点方式"绘制圆弧

例如，选择【绘图】菜单【圆弧】子菜单中"三点"命令，AutoCAD 提示：

指定圆弧的起点或 [圆心 (C)]：(确定 圆弧的起始点位置)

指定圆弧的第二个点或 [圆心 (C) /端点 (E)]：(确定圆弧上的任一点)

指定圆弧的端点：(确定圆弧的终止点位置)

执行结果：AutoCAD 绘制出由指定三点确定的圆弧，重复此操作绘出如图 3 - 15 所示图案。

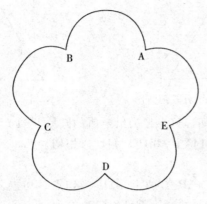

图 3 - 15　用圆弧命令绘图

(2)"起点、圆心、端点"方式绘制圆弧：指定起点、圆心和端点绘制圆弧。如图 3 - 16 所示。

(3)"起点、圆心、角度"方式绘制圆弧：指定起点、圆心和包含的角度画弧，在指定圆心后，选择关键字"A"，可输入角度，完成画弧，如图 3 - 17 所示。若角度为正，则逆时针方向画弧，若角度为负，则顺时针方向画弧。

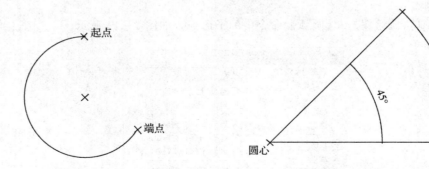

图 3 - 16　"起点、圆心、端点"方式画圆弧　　图 3 - 17　"起点、圆心、角度"方式画圆弧

命令提示：

命令：_ arc 指定圆弧的起点或 [圆心 (C)]：

指定圆弧的第二个点或 [圆心 (C) /端点 (E)]：_ c (指定圆弧的圆心)

指定圆弧的端点或 [角度 (A) /弦长 (L)]：_ a (指定包含角)

（4）"起点、圆心、长度"方式绘制圆弧：指定起点、圆心，由起点开始逆时针画弧，使其弦长等于给定值。AutoCAD 的提示与上述类似，在指定圆心后，选择关键字"L"，可输入弦长，完成画弧。若弦长为正，则画小圆弧，弦长为负，则画大圆弧。

（5）"起点、端点、角度"方式绘制圆弧：指定起点、端点和圆心角画弧，输入角度为正，则由起点逆时针画弧到端点，输入角度为负，则由起点顺时针画弧到端点。

（6）"起点、端点、方向"方式绘制圆弧：指定起点、端点和给定起点的切线方向画弧。输入起点和端点后，选择关键字"D"，再输入起点切线方向的角度或移动鼠标观察选择，完成圆弧绘制。

（7）"起点、端点、半径"方式绘制圆弧：指定起点、端点和圆弧半径。如图 3‑18 所示。输入半径为正，则画小圆弧，输入半径为负，则画大圆弧。

（8）"继续"方式绘制圆弧：绘制与前一直线或圆弧相切的圆弧。

命令：ARC✓

命令：_ arc 指定圆弧的起点或［圆心（C）］：（直接回车）

指定圆弧的端点：　（输入圆弧的终止点）

AutoCAD 以最后一个所绘图形（直线或圆弧）的方向或切线方向为新圆弧在起始点处的切线方向绘出圆弧，如图 3‑19 所示。

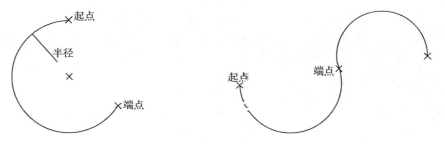

图 3‑18　"起点、端点、半径"方式画圆弧　　　　图 3‑19　"继续"方式画圆弧

3.1.3.3　偏移对象命令

1. 功能：对指定的直线、圆弧、圆等对象作偏移复制。

2. 命令输入

● 下拉菜单：【修改】/【偏移】

● 工具按钮：在"修改"工具栏中单击"偏移"按钮 🔲

● 命令：Offset（O）

启动命令 Offset，AutoCAD 提示：

命令：_ offset

指定偏移距离或［通过（T）/删除（E）/图层（L）］＜通过＞：20（输入平行线间的距离）

选择要偏移的对象，或［退出（E）/放弃（U）］＜退出＞：（以八边形为例，选择八边形，如图 3‑20 所示）

指定要偏移的那一侧上的点，或［退出（E）/多个（M）/放弃（U）］＜退出＞：（在八边形里边单击一点）

选择要偏移的对象，或［退出（E）/放弃（U）］＜退出＞：　　　（按 Enter 键结束）

结果如图 3 - 21 所示。

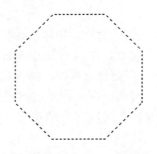 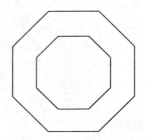

图 3 - 20　选择八边形　　　　　图 3 - 21　偏移八边形

3. 命令选项

指定偏移距离：用户输入偏移距离值，AutoCAD 根据此数值偏移原始对象产生新对象。

通过（T）：通过指定点创建新的偏移对象。

删除（E）：设置在偏移后是否删除源对象。输入 "E"，系统提示：

要在偏移后删除源对象吗？［是（Y）/否（N）］＜否＞：输入 "Y" 或 "N"。

图层（L）：设置偏移对象所在的图层。输入 L 系统提示：

输入偏移对象的图层选项［当前（C）/源（S）］＜源＞：

当前（C）：选择该选项，输入 "C"，表示偏移的对象将绘制在当前图层上。

源（S）：选择该选项，输入 "S"，表示偏移的对象将绘制在与源对象在同一图层上。

3.1.3.4　绘制点

1. 功能：在指定的位置绘点。

2. 命令输入：

●下拉菜单：【绘图】/【点】/【单点】

【绘图】/【点】/【多点】

●工具按钮：在 "绘图" 工具栏中单击 "点" 按钮

●命令：Point

启动命令 Point，AutoCAD 提示：

命令：_ point

当前点模式：PDMODE＝0　PDSIZE＝0.0000

指定点：（输入点的位置坐标）

3. 说明

（1）AutoCAD 提供了多种形式的点，用户可根据需要进行设置，过程如下：

单击下拉菜单项【格式】/【点样式】，屏幕上弹出如图 3 - 22 所示的对话框。

在该对话框中，用户可以选择自己需要的点样式，利用其中的 "点大小" 编辑框可调整点的大小。两个单选项 "相对于屏幕设置尺寸" 及 "用绝对单位设置尺寸" 分别表

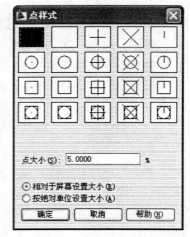

图 3 - 22　"点样式" 对话框

示以相对和绝对尺寸设置点的大小。

（2）所绘制的点可以用点的目标捕捉方式中节点捕捉方式捕捉。

3.1.4 小 结

在本任务中主要练习利用直线、矩形、圆、圆弧命令和偏移命令绘图。绘圆命令：绘圆方法有二点法、三点法、相切相切半径法、与三个对象相切。绘圆弧命令：绘弧的方法有几种：三点法、起终点和圆心法、起终点和半径法、起点圆心和角度法、起点圆心和长度法等等。注意：在使用给定角度绘弧时，系统默认正值角度方向为逆时针方向，即输入正值为逆时针方向计算角度，负值为顺时针。

偏移命令：对直线、圆弧及圆等作偏移复制。可以简化作相同或相似图形的重复操作。

3.1.5 实训作业

（1）执行直线、矩形、圆、偏移命令绘制如图 3 - 23 所示图形。

（2）执行矩形、圆、圆弧命令绘制如图 3 - 24 所示图形。

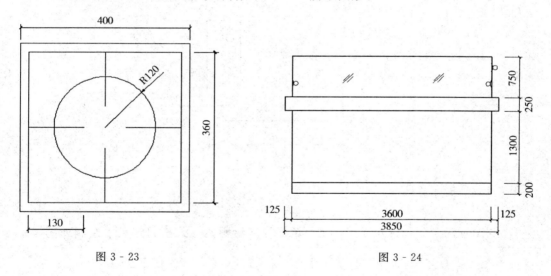

图 3 - 23   图 3 - 24

3.1.6 思考题

1. 偏移（offset）命令在什么情况下应用最方便？

2. 说明点样式中相对屏幕设置大小与按绝对单位设置大小有什么区别？各在什么情况下应用？

3. 画圆的方式有哪些？如何操作？

4. 如何根据已知条件选择画弧方式？

任务 3.2　钢构件与基础详图

【技能目标】

熟练使用构造线的绘制和图案填充的使用，复习与巩固已学技能。

【知识目标】

掌握相关绘图与编辑命令含义，复习建筑工程制图规范，从而达到从技能训练中巩固已有知识，产生知识拓展，寻求学习新知识的方法。

【学习的主要命令】

构造线、图案填充。

3.2.1　钢构件

3.2.1.1　图形分析

如图 3 - 25 所示的钢构件，我们可以将平面图分解为直线和斜线两大部分，在前面学习基本绘图与编辑命令基础上，运用直线与构造线命令，配合编辑命令与捕捉功能达到更快更方便的绘图目的。

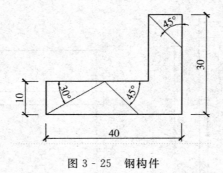

图 3 - 25　钢构件

3.2.1.2　操作步骤

方法一

1. 利用直线命令，打开正交，使用鼠标导向给距离方式按给定尺寸绘制如图 3 - 26 所示图形。

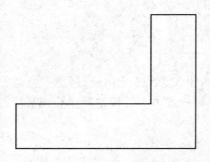

图 3 - 26　钢构件（方法一）分解一

2. 打开"常用"→"绘图"→"构造线"命令（XLine）。

命令：_xline 指定点或［水平（H）/垂直（V）/角度（A）/二等分（B）/偏移（O）］

3. 选择角度：A

输入构造线的角度（O）或［参照（R）］

由于角度由 X 轴正向逆时针转动，所以输入 135°将指定通过点过角点，结果如图 3 - 27 所示。

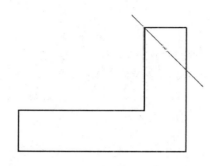

图 3 - 27　钢构件（方法一）分解二

4. 重复上步，分别输入角度 30°和 135°，然后分别通过左下角点和交点 E，结果如图 3 - 28 所示。

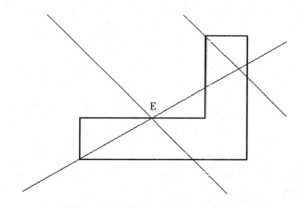

图 3 - 28　钢构件（方法一）分解三

5. 利用修剪 ⊬ 命令，修剪结果如图 3 - 29 所示。

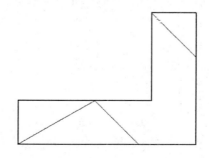

图 3 - 29　钢构件（方法一）分解四

方法二

1. 打开"常用"→"绘图"→"构造线"命令 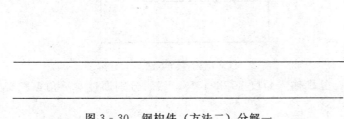（XLine）。

命令：_ xline 指定点或［水平（H）/垂直（V）/角度（A）/二等分（B）/偏移（O）］

2. 选择水平：H，确定一水平构造线。

3. 再打开"常用"→"绘图"→"构造线"命令 （XLine）。

命令：_ xline 指定点或［水平（H）/垂直（V）/角度（A）/二等分（B）/偏移（O）］

4. 选择偏移：O。

指定偏移距离或［通过（T）］（10.0000）

5. 分别输入 20 和 10，绘制结果如图 3 - 30 所示。

图 3 - 30　钢构件（方法二）分解一

6. 同样方法得三条竖直线，绘制结果如图 3 - 31 所示。

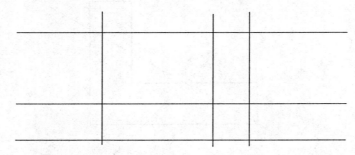

图 3 - 31　钢构件（方法二）分解二

7. 利用修剪 命令，修改结果如图 3 - 32 所示。

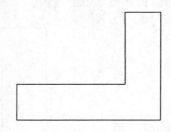

图 3 - 32　钢构件（方法二）分解三

8. 打开"常用"/"绘图"/"构造线"命令 （XLine）。

命令：_ xline 指定点或［水平（H）/垂直（V）/角度（A）/二等分（B）/偏移（O）］

9. 在命令行输入 B，确定，选择二等分方式绘制构造线，分别确定角的顶点 C、起

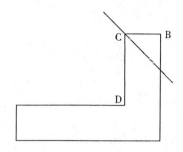

图 3 - 33 钢构件（方法二）分解四

点 B 和端点 D，绘制结果如图 3 - 33 所示。10. 打开"常用"/"绘图"/"构造线"命令
 ☑（XLine）。

命令：_ xline 指定点或〔水平（H）/垂直（V）/角度（A）/二等分（B）/偏移
（O）〕

11. 选择角度：A

输入构造线的角度（O）或〔参照（R）〕

12. 输入 30，通过左下角点 A，绘制结果如图 3 - 34 所示。

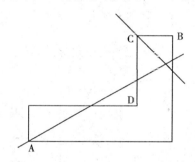

图 3 - 34 钢构件（方法二）分解五

13. 打开"常用"/"绘图"/"构造线"命令 ☑（XLine）。

命令：_ xline 指定点或〔水平（H）/垂直（V）/角度（A）/二等分（B）/偏移
（O）〕

14. 选择偏移：O，输入 T，选择 45°斜线，通过交点 E，绘制结果如图 3 - 35 所示。

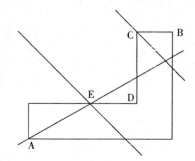

图 3 - 35 钢构件（方法二）分解六

15. 利用修剪 ⌐ 命令，修剪结果如图 3 - 36 所示。

3.2.1.3　疑难解答

1. 构造线的作用是什么？

答：在绘图过程中，构造线作为辅助线主要起到辅助绘图的作用。

2. 构造线选项中的角度如何选择？

答：角度的选择主要用两种方法：（1）在选择构造线命令之后，选择角度（A），然后直接输入角度。（2）当需要绘制的角度线为已知角的平分线的

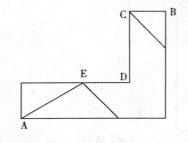

图 3 - 36　钢构件（方法二）分解七

时候，在选择构造线命令之后，选择二等分（B），然后分别确定角的顶点、起点和端点。

3.2.2　基础详图

3.2.2.1　图形分析

绘制如图 3 - 37 所示的基础详图时，在根据图示尺寸绘制轮廓基础上，还需要绘制图例来表示剖切对象的材质（如砖或混凝土）。使用前面学过的绘图与编辑命令可绘出基础的轮廓线，再利用图案填充命令绘出材质，让原本繁琐的操作变得十分便捷。

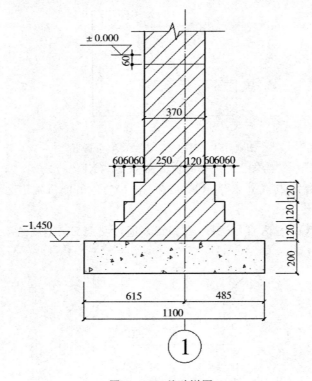

图 3 - 37　基础详图

3.2.2.2　操作步骤

方法一

1. 创建图层

新建 dwg 文件保存后，创建图层：外轮廓线、填充、轴线、标注、文本等。

2. 绘制外轮廓线

（1）设外轮廓线层为当前层，激活直线 ✎ 命令，按 F8 打开正交，运用鼠标导向给距离方式参照图 3-37 尺寸，绘制图 3-38 所示图形。

（2）从墙线顶部绘制一条水平长度 370 的辅助线，激活镜像 ⚏ 命令，捕捉辅助线中点镜像后，删除辅助线，得到图 3-39 所示图形。

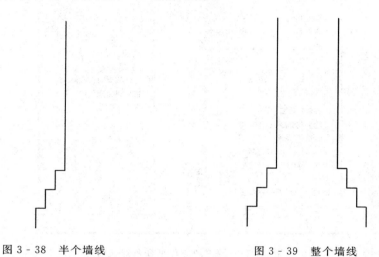

<table>
<tr><td>图 3-38　半个墙线</td><td>图 3-39　整个墙线</td></tr>
</table>

（3）运用直线命令绘制截断线如图 3-40 所示。

（4）运用矩形 ▱ 命令绘制垫层，如图 3-41 所示。

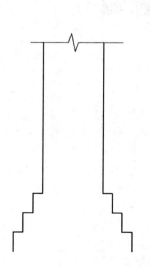
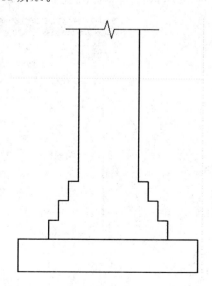

图 3-40　截断线　　　　　　　　图 3-41　基础详图外轮廓线

3．填充建筑图例

（1）置填充层为当前层，在【绘图】工具栏中，单击图案填充  命令按钮，打开图3-42所示对话框。

图 3-42　图案填充与渐变色对话框

（2）在图案填充选项卡下，单击图案右侧的按钮 □ ，打开图 3-43 所示对话框，从中选取 LINE 图例，单击 ▅▅ 确定 ▅▅ 按钮，返回图 3-42 对话框。

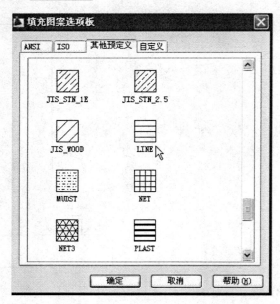

图 3-43　填充图案选项板对话框

（3）在图 3 - 42 对话框内，边界区域内单击拾取点按钮 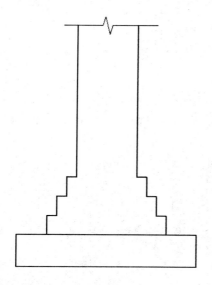，进入绘图模型空间，拾取填充区域，如图 3 - 44 所示虚线显示部分，右击、确认，返回图 3 - 42 对话框。

图 3 - 44　拾取填充区域

图 3 - 45　砖图例填充预览效果

（4）在图 3 - 42 对话框内，角度与比例区域内的角度文本框内输入 45（表示填充线逆时针倾斜 45 度），单击预览 [预览] 按钮，得到图 3 - 45 所示效果，预览效果不理想，单击返回图 3 - 42 对话框。

（5）在角度与比例区域内的比例文本框内输入 20（表示填充比例 20），再次单击预览按钮 [预览]，得到图 3 - 46 所示理想的效果，右击，完成砖图例填充操作。

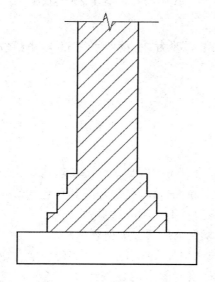

图 3 - 46　砖图例填充理想效果

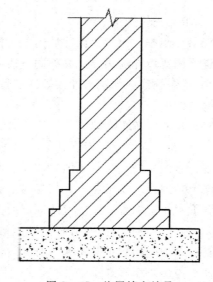

图 3 - 47　垫层填充效果

（6）重复步骤（1）-（5），选 AR - CONC 图案填充基础垫层混凝土图例，填充效果如图 3 - 47 所示。

4. 绘制轴线、标注与插入轴线符号、标高符号

在相应图层上，补齐其他图素，最后结果见图 3 - 37。

方法二

1. 创建图层

新建 dwg 文件保存后，创建图层：外轮廓线、填充、轴线、标注、文本等。

2. 绘制外轮廓线

（1）设外轮廓线层为当前层，右击 [栅格] 按钮，在打开的图 3 - 48 对话框中，设置栅格间距与捕捉间距。激活捕捉与栅格，使用直线 [✏] 命令绘制如图 3 - 49 所示半个墙线。其他步骤步同方法一。

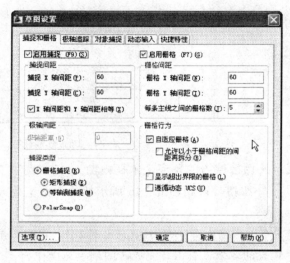
图 3 - 48 草图设置对话框

图 3 - 49 捕捉栅格绘制墙线

3. 填充建筑图例

在第三步中，由"边界区域内单击拾取点按钮 [⌖] "改为 [⊕] [添加:选择对象] 模式，由拾取点改为选择图案填充的边界，其他同方法一。

4. 绘制轴线、标注与插入轴线符号、标高符号

同方法一。

3.2.2.3   疑难解答

1. 图案填充对于图形有什么样的要求？

答：有两种情况：一是图案填充的图形必须是完全封闭的图形，将图案填充在完全封闭的图形之内。二是可在图案填充与渐变色/允许的间隙/公差，把值调整到一定数值，这时凡图形封闭间隙小于设定值的即可填充，否则，认为找不到填充边界。

2. 为什么填充的图案有时会看不到？而有的时候会被涂实？如何解决？

答：因为图形大小的关系，有的时候填充图案的比例过大或者过小，会使图案在填充区域显示不出来或者显示被涂实。这时候，只需要将填充图案的比例改到合适大小就可以了。

3. 怎样定义要填充图案的区域？

答：定义要填充图案区域的方法有两种：

（1）利用"图案填充和渐变色"对话框中的"添加：拾取点"按钮 。在要填充图案的区域内拾取一个点，系统自动产生一个围绕该拾取点的边界。

（2）利用"图案填充和渐变色"对话框中的"添加：选择对象"按钮 。通过选择对象的方式来产生一个封闭的填充区域。

4．"图案填充和渐变色"对话框中其他选项的含义是什么？

答：（1）"删除边界"按钮

该按钮只有在点选边界后才可使用。在填充边界内部存在更小边界或文字实体。系统默认情况下，自动检测内部边界，并将其排除在图案填充区之外。如果希望在边界中填充图案，可以单击"删除边界"按钮 ，然后选择要删除的边界。如图 3-50 所示为删除边界与不删除边界的区别。

图 3-50 孤岛形式

（2）"查看选择集"按钮

单击该按钮将显示当前定义的选择集。用户未选择边界时，该选项不可用。

（3）"继承特性"按钮

单击该按钮，系统要求用户在图中选择一个已有的填充图案，然后将其图案的类型和属性设置作为当前的填充设置。此功能对于在不同阶段绘制多个同样的图案填充非常有用。但是，非关联图案和属性无法继承。

（4）"选项"区

关联：填充图案与边界实体具有关联性，当调整图案的边界时，填充图案会随之调整。

创建独立的图案填充：填充图案与边界实体不具有关联性，当调整图案的边界时，填充图案不会随之调整。

（5）绘图次序

可以在创建图案填充之前给它指定绘图顺序。将图案填充置于其边界之后可以更容易地选择图案填充边界。

（6）图案填充原点

用户可以使用当前的原点，通过点击一个点来设置新的原点，或利用边界的范围来确定。甚至可以指定这些选项中的一个来作为默认的行为用于以后的填充操作。

5．"高级"选项的内容有哪些？

答：单击"图案填充和渐变色"对话框右下方的 按钮，对话框得以展开，如图 3-51 所示。

图 3 - 51　图案填充和渐变色

（1）"孤岛显示样式"栏：列出了三种填充方式，为三种填充方式的应用。

普通：将从最外层边界开始，交替填充第一、三、五等奇数层区域。

外部：将只能填充最外层的区域。

忽略：将忽略所有内部边界，填充整个区域。

填充结果如图 3 - 52 所示。

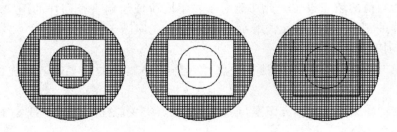

图 3 - 52　孤岛显示样式

（2）控制图案的边界和类型。

边界保留：当用户使用"图案填充"命令来建立图案时，系统建立一些临时多线段来描述边界和孤岛，默认情况下，系统在创建完图案时自动清除这些多线段。如果用户选择了"保留边界"复选框，则可以保留这些多线段。

对象类型：若选择"保留边界"选项，则此选项有效，用户可在此选择保留对象类型（多线段或面域）。

边界集：默认情况为"当前视口"，即当前视窗中所有可见实体。单击右边的"新建"按钮，可以选择实体建立新的边界集，以后可以在新的边界集中搜索边界对象，这对于复杂的图形效果比较明显。

6."渐变色"选项卡的内容有哪些?

答:单击"图案填充和渐变色"对话框中的"渐变色"选项卡,打开"渐变色"选项对话框,如图 3-53 所示。其中各选项含义如下:

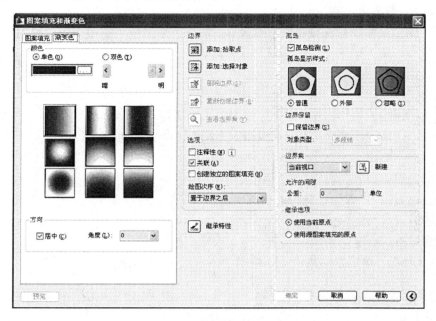

图 3-53　图案填充和渐变色

(1)"单色"单选按钮

指定使用从较深着色到较浅色调平滑过渡的单色填充。选择"单色"时,显示带"浏览"按钮和"着色"、"渐浅"滑动条的颜色样本。

(2)"双色"单选按钮

指定在两种颜色之间平滑过渡的双色渐变填充。选择"双色"时分别为颜色 1 和颜色 2 显示带"浏览"按钮的颜色样本。

(3)"颜色样本"

指定渐变填充的颜色。单击"浏览"按钮 [...] 以显示"选择颜色"对话框,从中可以选择索引颜色、真彩色或配色系统颜色。显示的默认颜色为图形的当前颜色。

(4)"居中"复选框

指定对称的渐变配置。如果没有选定此选项,渐变填充将朝左上方变化,创建光源在对象左边的图案。

(5)"角度"下拉列表框

指定渐变填充的角度。相对于当前 UCS 指定角度。此选项与指定给图案填充的角度互不影响。

(6)渐变图案

显示用于渐变填充的九种固定图案。这些图案包括线形、球形和抛物线形等方式。

3.2.3 相关知识

3.2.3.1 构造线

功能：按设定的距离或角度绘制一条或一组无穷长直线，常用于绘制辅助线。

命令输入：●下拉菜单：【绘图】/【构造线】

●工具栏：绘图→

●命令：xline

1. 默认方式命令显示：

命令：_ xline 指定点或［水平（H）/垂直（V）/角度（A）/二等分（B）/偏移（O）］:

指定通过点：（指定构造线第一点）

指定通过点：（以下为指定构造线第二点）

指定通过点：

指定通过点：

命令：（右击、确定，结束命令，结果如图 3 - 54 - a 所示）

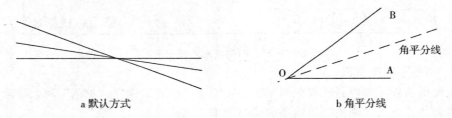

a 默认方式   b 角平分线

图 3 - 54 绘制构造线

2. 其他方式绘制

水平（H）方式绘制一条或多条水平构造线，垂直（V）方式绘制一条或多条垂直构造线，角度（A）方式按设定角度绘制一条或多条构造线，二等分（B）方式可绘制角的平分线如图 3 - 54b 所示，偏移（O）方式可按指定距离绘制构造线。

3.2.3.2 图案填充

功能：在一定区域内填充一定样例。

命令输入：

●下拉菜单：【绘图】/【图案填充】

●工具栏：绘图→

●命令：bhatch

（1）设置填充图案特性

填充图案和绘制其他对象一样，图案所使用的颜色和线型将使用当前图层的颜色和线型。

（2）预定义图案选择和设置

①选择预定义的图案的方法

一是单击"图案"右侧的 按钮，打开"填充图案选项板"对话框，如图 3 - 55 所示。在该对话框中，不同的页显示相应类型的图案。双击图案或单击图案后单击 确定 按钮，即选中了该图案。二是单击"样例'图案的预览小窗口，同样会弹出"图案填充和渐变色"对话框。

②参数设置

其参数包括角度和比例，其中角度用于旋转图案，比例用于设定放大或缩小图案。

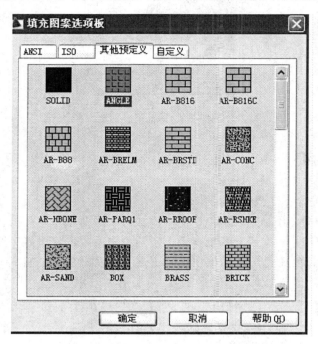

图 3 - 55　图案填充选项板

3.2.4　小　结

构造线在建筑工程绘图中主要用于做辅助线，学员通过钢构件绘制训练，熟练掌握构造线使用技巧，为绘制施工图打好基础。

图案填充在表示建筑材料图例时经常用到。系统默认情况下，图案填充边界可以是圆、椭圆、多边形等封闭的图形，也可以是由直线、曲线、多线段等围成的封闭区域。如果需要也可以通过设置公差值，填充允许范围内的不封闭区域。进行图案填充时，需要选择图案类型，设置材料的比例、角度和填充方式等。

3.2.5　实训作业

请绘制图 3 - 56 所示的地面铺装平面图。

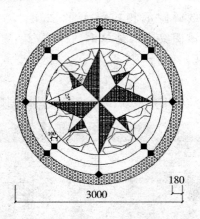

3000

180

图 3 - 56 地面铺装图案

3.2.6 思考题

1. "构造线"命令的主要作用是什么?

2. 图案填充中的"添加：拾取点"与"添加：选择对象"有什么区别?

3. 什么时候使用"图案填充和渐变色"对话框中的"删除边界"按钮?

4. "图案填充和渐变色"对话框中的"孤岛显示样式"栏有几种填充方式?分别是什么?

任务3.3 墙体与飘窗

【技能目标】

熟练掌握 AutoCAD 的基本操作，掌握 AutoCAD 的命令使用方法和技巧，能够利用绘图命令（Mline）、修改命令（Trim、Extend、Mline 等）及各种辅助工具绘制和编辑平面墙体、飘窗平面图。

【知识目标】

了解施工平面图中墙体和飘窗的多种画法，掌握绘制过程中所需命令的各种子命令的使用方法和技巧，熟练使用命令的快捷方式。

【学习的主要命令】

多线、多线编辑、修剪、延伸。

3.3.1 平面图墙体

3.3.1.1 图形分析

施工图中平面墙体如图 3 - 57 所示，墙体的平面图由轴线、表示墙体厚度的粗实线组成。从图可知，该建筑外墙为 370 的墙体，轴线外墙偏内，卧室的开间和进深分别为 3600 和 4200，卧室门的宽度为 900，门垛尺寸为 200，窗户宽度为 1800，在墙段内居中。

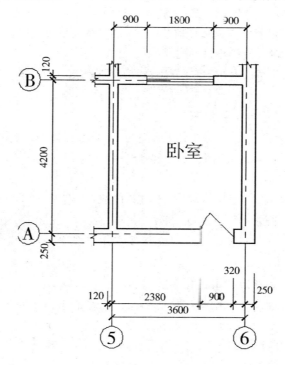

图 3 - 57 平面墙体

3. 3. 1. 2 操作步骤

方法一

1. 操作方法

（1）设置相应图层，如轴线、墙体、轴圈、标注、门窗。

（2）将轴线层设为当前层，绘制轴线。

（3）采用"偏移"（O）命令分别偏移轴线两侧墙体线。

（4）用"修剪"（TR）命令修剪各墙体相交部位。

（5）根据尺寸修剪门窗洞口并绘制门窗。

2. 命令显示

（1）绘制轴线

（省略前面设置图层步骤，并将"轴线"层设置为当前层）

命令：L 并回车

LINE 指定第一点：读者可在屏幕上任意指定一点

指定下一点或［放弃（U）］：＜正交 开＞5200 并回车（鼠标向下移动），绘制轴线 5

指定下一点或［放弃（U）］：回车（结束命令）

命令：O 并回车

OFFSET

当前设置：删除源＝否 图层＝源 OFFSETGAPTYPE＝0

指定偏移距离或［通过（T）/删除（E）/图层（L）］＜120.0000＞：3600

选择要偏移的对象，或［退出（E）/放弃（U）］＜退出＞：点取轴线 5

指定要偏移的那一侧上的点，或［退出（E）/多个（M）/放弃（U）］＜退出＞：在轴线 5 右侧单击鼠标左键（偏移出轴线 6）

选择要偏移的对象，或［退出（E）/放弃（U）］＜退出＞：回车（结束命令）

命令：L 并回车

LINE 指定第一点：读者可在屏幕上任意指定一点，与轴线 5、6 相交并靠下方位置

指定下一点或［放弃（U）］：5000 并回车（鼠标向右移动，绘制轴线 A）

指定下一点或［放弃（U）］：回车（结束命令）

命令：OFFSET（O）

当前设置：删除源＝否 图层＝源 OFFSETGAPTYPE＝0

指定偏移距离或［通过（T）/删除（E）/图层（L）］＜3600.0000＞：4200

选择要偏移的对象，或［退出（E）/放弃（U）］＜退出＞：点取轴线 A

指定要偏移的那一侧上的点，或［退出（E）/多个（M）/放弃（U）］＜退出＞：在轴线 A 上方单击鼠标左键（偏移出轴线 B）

选择要偏移的对象，或［退出（E）/放弃（U）］＜退出＞：回车（结束命令）

（2）绘制墙体

（设置"墙体"层为当前层）

命令：OFFSET（O）

当前设置：删除源＝否 图层＝源 OFFSETGAPTYPE＝0

指定偏移距离或［通过（T）/删除（E）/图层（L）］＜250.0000＞：1 并回车

输入偏移对象的图层选项［当前（C）/源（S）］＜当前＞：　c　并回车

（将偏移对象设置为当前的"墙体"层的对象）

指定偏移距离或［通过（T）/删除（E）/图层（L）］＜250.0000＞：120　并回车

选择要偏移的对象，或［退出（E）/放弃（U）］＜退出＞：分别选择四条轴线

指定要偏移的那一侧上的点，或［退出（E）/多个（M）/放弃（U）］＜退出＞：在半墙体为 120 厚的相应方向上单击。

选择要偏移的对象，或［退出（E）/放弃（U）］＜退出＞：回车（结束命令）

（以上偏移步骤绘制了所有 120 厚的半墙体，省略了每次点击的命令显示，需读者自行体会）

命令：OFFSET

当前设置：删除源＝否　图层＝当前　OFFSETGAPTYPE＝0

指定偏移距离或［通过（T）/删除（E）/图层（L）］＜120.0000＞：250　并回车

选择要偏移的对象，或［退出（E）/放弃（U）］＜退出＞：点击轴线 6

指定要偏移的那一侧上的点，或［退出（E）/多个（M）/放弃（U）］＜退出＞：单击轴线 6 右侧任意位置

选择要偏移的对象，或［退出（E）/放弃（U）］＜退出＞：点击轴线 A

指定要偏移的那一侧上的点，或［退出（E）/多个（M）/放弃（U）］＜退出＞：单击轴线 A 下侧任意位置

选择要偏移的对象，或［退出（E）/放弃（U）］＜退出＞：回车（结束命令）

此步骤结束，绘制图形如图 3 - 58 所示

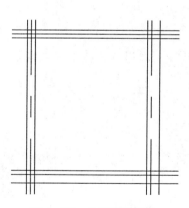

图 3 - 58　绘制好的墙体

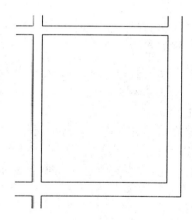

图 3 - 59　修剪好的墙体

（3）修剪墙体相交部位

（关闭"轴线"图层）

命令：TR　并回车

TRIM

当前设置：投影＝UCS，边＝无

选择剪切边 …

选择对象或 ＜全部选择＞：指定对角点：找到 8 个（选择所有墙体线）

选择对象：确定，结束选择

选择要修剪的对象，或按住 Shift 键选择要延伸的对象，或

［栏选（F）/窗交（C）/投影（P）/边（E）/删除（R）/放弃（U）］：点击所有不需要的线段部位，修剪结果如图 3‑59 所示。

选择要修剪的对象，或按住 Shift 键选择要延伸的对象，或

［栏选（F）/窗交（C）/投影（P）/边（E）/删除（R）/放弃（U）］：确定，结束修剪命令。

（4）开门窗洞口

（打开"轴线"图层）

命令：O

OFFSET

当前设置：删除源＝否　图层＝源　OFFSETGAPTYPE＝0

指定偏移距离或［通过（T）/删除（E）/图层（L）］＜900.0000＞：320　并回车

选择要偏移的对象，或［退出（E）/放弃（U）］＜退出＞：点击侧轴线 6

指定要偏移的那一侧上的点，或［退出（E）/多个（M）/放弃（U）］＜退出＞：单击轴线 6 左侧任意位置

选择要偏移的对象，或［退出（E）/放弃（U）］＜退出＞：回车（结束命令）

命令：OFFSET

当前设置：删除源＝否　图层＝源　OFFSETGAPTYPE＝0

指定偏移距离或［通过（T）/删除（E）/图层（L）］＜320.0000＞：900　并回车

选择要偏移的对象，或［退出（E）/放弃（U）］＜退出＞：点击新偏移出来的轴线

指定要偏移的那一侧上的点，或［退出（E）/多个（M）/放弃（U）］＜退出＞：单击新轴线左侧任意位置

选择要偏移的对象，或［退出（E）/放弃（U）］＜退出＞：回车（结束命令）

命令：TR　并回车

TRIM

当前设置：投影＝UCS，边＝无

选择剪切边 …

选择对象或＜全部选择＞：指定对角点：找到 2 个（选择的为新偏移出来的两根轴线）

选择对象：回车

选择要修剪的对象，或按住 Shift 键选择要延伸的对象，或

［栏选（F）/窗交（C）/投影（P）/边（E）/删除（R）/放弃（U）］：指定对角点：点击轴线 5、6 之间墙体 A 上的线段

选择要修剪的对象，或按住 Shift 键选择要延伸的对象，或

［栏选（F）/窗交（C）/投影（P）/边（E）/删除（R）/放弃（U）］：回车（结束命令）

命令：指定对角点：选择新偏移的两根轴线

命令：E　并回车

ERASE 找到 2 个

（用直线 L 命令将墙体轮廓线补齐，最后结果如图 3-60 所示）

（窗洞的修剪方法同门洞修剪，结果如图 3-61 所示）

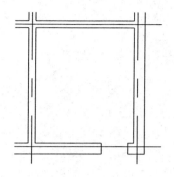 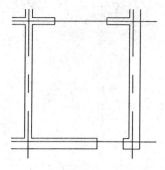

图 3-60 修剪好的门洞口 图 3-61 修剪好的门窗洞口

方法二

1．操作方法

（1）同方法一，绘制好四根轴线。

（2）设置多线样式，分别为 240 和 370 厚的墙体。输入命令 MLSTYLE，弹出多线样式对话框，如图 3-62 所示，点击 新建(N)... 按钮，弹出如图 3-63"创建新的多线样式"对话框。

 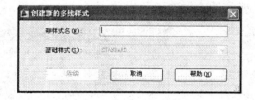

图 3-62 多线样式 图 3-63 创建新的多线样式

（3）新的输入样式名称 240，点击 继续 按钮，弹出"新建多线样式"对话框，如图 3-64 所示，更改设置如图 3-65 所示，点击 确定 。

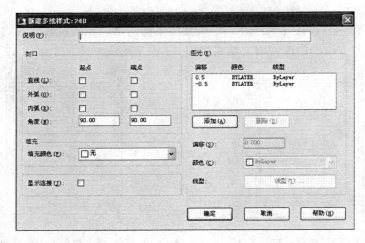

图 3 - 64　创建多线样式

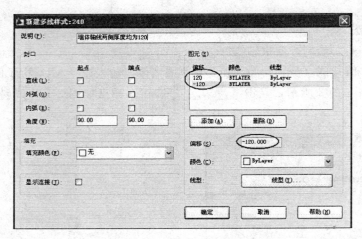

图 3 - 65　更改多线样式参数

（4）相同方法设置名为"250 - 120"和"120 - 250"的墙体样式，参数设置分别如图 3 - 66和图 3 - 67 所示。

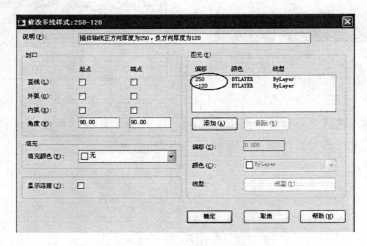

图 3 - 66　更改多线样式参数

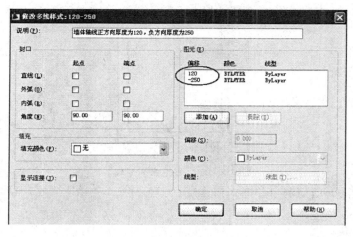

图 3 - 67　更改多线样式参数

（5）采用"240"样式绘制轴线 5 和轴线 B 上墙体、分别采用"120 - 250"、"250 - 120"样式绘制轴线 A 和轴线 6 上的墙体，结果如图 3 - 68 所示。

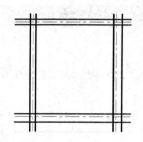

图 3 - 68　采用多线样式绘制的墙体

（6）命令行输入"MLEDIT"，打开"多线编辑工具"对话框，如图 3 - 69 所示，点取"角点结合"修改轴线 6 与轴线 A 相交位置，点取"T 形打开"修剪轴线 5 和轴线 A 及轴线 B 和轴线 6 的交点，点取"十字合并"修剪轴线 B 和轴线 5 相交位置，结果如图 3 - 70 所示。

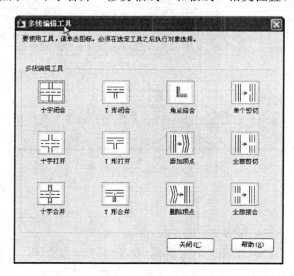

图 3 - 69　多线编辑工具

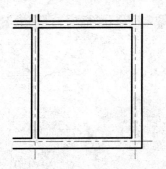

图 3 - 70 编辑后的多线

（7）同一方法开门窗洞口并插入门窗块。

2. 命令显示

（1）墙体绘制

（根据前面步骤设置好多线样式，并双击"240"或点击  图标将其设置为"当前样式"，如图 3 - 71 所示）

图 3 - 71 设为"当前样式"

命令：ML 并回车

MLINE

当前设置：对正 ＝ 上，比例 ＝ 20.00，样式 ＝ 240

指定起点或［对正（J）/比例（S）/样式（ST）］：S 并回车

输入多线比例 ＜20.00＞：1 并回车（由于多线样式中设置的已经为 240 厚度的墙

体了，故此处设置比例为1)

当前设置：对正 ＝ 上，比例 ＝ 1.00，样式 ＝ 240

指定起点或［对正（J）/比例（S）/样式（ST）］：J 并回车

输入对正类型［上（T）/无（Z）/下（B）］＜上＞：Z 并回车（由于设置多线的时候为＋120、－120，故此处将轴线设为0基线，两侧各偏移120，选"无"方式）

当前设置：对正 ＝ 无，比例 ＝ 1.00，样式 ＝ 240

指定起点或［对正（J）/比例（S）/样式（ST）］：单击轴线B左侧端点

指定下一点：单击轴线B右侧端点

指定下一点或［放弃（U）］：回车（结束命令）

命令：MLINE

当前设置：对正 ＝ 无，比例 ＝ 1.00，样式 ＝ 240

指定起点或［对正（J）/比例（S）/样式（ST）］：单击轴线5上方端点

指定下一点：单击轴线5下方端点

指定下一点或［放弃（U）］：回车（结束命令）

命令：ML 并回车

MLINE

当前设置：对正 ＝ 无，比例 ＝ 1.00，样式 ＝240

指定起点或［对正（J）/比例（S）/样式（ST）］：ST 并回车

输入多线样式名或［?］：120‐250 并回车（轴线A上墙体为正方向120，负方向250，故修改多线样式为"120‐250"）

当前设置：对正 ＝ 无，比例 ＝ 1.00，样式 ＝ 120‐250

指定起点或［对正（J）/比例（S）/样式（ST）］：单击轴线A左侧端点

指定下一点：单击轴线A右侧端点

指定下一点或［放弃（U）］：回车（结束命令）

命令：MLINE

当前设置：对正 ＝ 无，比例 ＝ 1.00，样式 ＝ 120‐250

指定起点或［对正（J）/比例（S）/样式（ST）］：ST 并回车

输入多线样式名或［?］：250‐120 并回车（轴线6左侧墙体为负方向120，右侧墙体为正方向250，故修改多线样式为"250‐120"）

当前设置：对正 ＝ 无，比例 ＝ 1.00，样式 ＝ 250‐120

指定起点或［对正（J）/比例（S）/样式（ST）］：单击轴线6上方端点

指定下一点：单击轴线6下方端点

指定下一点或［放弃（U）］：回车（结束命令）

（2）编辑多线

命令：MLEDIT 并回车，点取"角点结合"

选择第一条多线：点击多线6

选择第二条多线：点击多线A

选择第一条多线 或［放弃（U）］：回车（结束命令）

命令：回车，点取"T形打开"

选择第一条多线：点取多线 B

选择第二条多线：点取多线 6

选择第一条多线 或 [放弃（U）]：点取轴线 5

选择第二条多线：点取轴线 A

选择第一条多线 或 [放弃（U）]：回车（结束命令）

命令：回车，点取"十字合并"

选择第一条多线：点取多线 B

选择第二条多线：点取多线 5

选择第一条多线 或 [放弃（U）]：回车（结束命令）

3.3.1.3　疑难解答

修改多线样式设置时，为何无法修改某一样式的设置值？

答：AutoCAD 中，已被使用的多线样式无法被更改任一设置值，若需修改，必须先删除本文档中使用该样式绘制的多线，才能对相应的值进行更改。

3.3.2　飘　窗

3.3.2.1　图形分析

"飘窗"是指传统的窗户往室外飘出一定的距离，以增大室内空间，其平面表示如图 3 - 72 所示。图上飘窗轮廓由四条平行线组成。

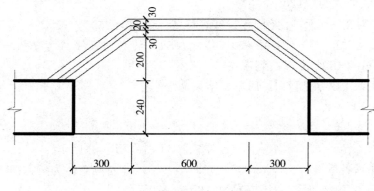

图 3 - 72　飘窗示意图

3.3.2.2　操作步骤

方法一

1. 操作方法

（1）用直线（L）命令和偏移（O）命令绘制飘窗所在的 240 墙体，并用修剪（TR）命令修出窗洞位置。

（2）用直线（L）命令根据尺寸绘制飘窗最里侧轮廓线。

（3）采用"偏移"（O）命令偏移飘窗玻璃及外侧轮廓线并延伸（EX）至墙体。

2. 命令显示

（1）绘制墙体

命令：L 并回车

LINE 指定第一点：在屏幕上任意指定一点

指定下一点或［放弃（U）］：＜正交 开＞1800   并回车（鼠标向右）

指定下一点或［放弃（U）］：回车（结束命令）

命令：O   并回车

OFFSET

当前设置：删除源＝否   图层＝源   OFFSETGAPTYPE＝0

指定偏移距离或［通过（T）/删除（E）/图层（二）］＜通过＞：240   并回车

选择要偏移的对象，或［退出（E）/放弃（U）］＜退出＞：单击所绘直线

指定要偏移的那一侧上的点，或［退出（E）/多个（M）/放弃（U）］＜退出＞：单击直线上方任意位置。

选择要偏移的对象，或［退出（E）/放弃（U）］＜退出＞：回车（结束命令）

命令：L   并回车

LINE 指定第一点：捕捉第一根直线左端点

指定下一点或［放弃（U）］：捕捉第二根直线左端点

指定下一点或［放弃（U）］：回车（结束命令）

命令：O   并回车

OFFSET

当前设置：删除源＝否   图层＝源   OFFSETGAPTYPE＝0

指定偏移距离或［通过（T）/删除（E）/图层（L）］＜240.0000＞：300   并回车

选择要偏移的对象，或［退出（E）/放弃（U）］＜退出＞：单击新画的竖直线

指定要偏移的那一侧上的点，或［退出（E）/多个（M）/放弃（U）］＜退出＞：单击直线右侧任意位置。

选择要偏移的对象，或［退出（E）/放弃（U）］＜退出＞：回车（结束命令）

命令：OFFSET   并回车

当前设置：删除源＝否   图层＝源   OFFSETGAPTYPE＝0

指定偏移距离或［通过（T）/删除（E）/图层（L）］＜300.0000＞：1200   并回车

选择要偏移的对象，或［退出（E）/放弃（U）］＜退出＞：单击最后绘制的直线

指定要偏移的那一侧上的点，或［退出（E）/多个（M）/放弃（U）］＜退出＞：单击直线右侧任意位置。

选择要偏移的对象，或［退出（E）/放弃（U）］＜退出＞：回车（结束命令）

命令：TR   并回车

TRIM

当前设置：投影＝UCS，边＝无

选择剪切边 ...

选择对象或 ＜全部选择＞：指定对角点：找到 2 个（选中 13 直线和 24 直线）

选择对象：确定

选择要修剪的对象，或按住 Shift 键选择要延伸的对象，或

［栏选（F）/窗交（C）/投影（P）/边（E）/删除（R）/放弃（U）］：指定对角点：点击 1、2 和 3、4 之间的线段。

选择要修剪的对象，或按住 Shift 键选择要延伸的对象，或

［栏选（F）/窗交（C）/投影（P）/边（E）/删除（R）/放弃（U）］：回车（结束命令）

结果如图 3-73 所示（图中"1"、"2"、"3"、"4"为方便读者读图所标）。

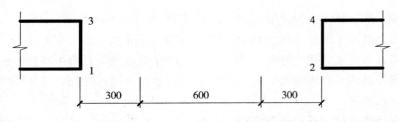

图 3-73　绘制墙体并修剪窗洞

（2）绘制飘窗里侧轮廓线

命令：L　并回车

LINE 指定第一点：捕捉点 1

指定下一点或［放弃（U）］：捕捉点 2

指定下一点或［放弃（U）］：回车（结束命令）

命令：LINE 指定第一点：捕捉点 3

指定下一点或［放弃（U）］：@300，200

指定下一点或［放弃（U）］：捕捉点 4

结果如图 3-74 所示

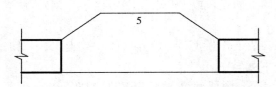

图 3-74　绘制飘窗里侧轮廓线

（3）偏移飘窗外侧轮廓线并延伸

命令：PE　并回车

PEDIT 选择多段线或［多条（M）］：M　并回车

选择对象：指定对角点：找到 3 个（选择飘窗内侧的三根轮廓线）

选择对象：回车

是否将直线和圆弧转换为多段线？［是（Y）/否（N）］？＜Y＞回车

输入选项［闭合（C）/打开（O）/合并（J）/宽度（W）/拟合（F）/样条曲线（S）/非曲线化（D）/线型生成（L）/放弃（U）］：J回车

合并类型 = 延伸

输入模糊距离或［合并类型（J）］＜0.0000＞：回车

多段线已增加 2 条线段（将三段直线合并成一根多段线 5）

输入选项［闭合（C）/打开（O）/合并（J）/宽度（W）/拟合（F）/样条曲线（S）/非曲

线化（D）/线型生成（L）/放弃（U）]：回车（结束命令）

命令：O

OFFSET

当前设置：删除源＝否　图层＝源　OFFSETGAPTYPE＝0

指定偏移距离或［通过（T）/删除（E）/图层（L）]＜1200.0000＞：30　并回车

选择要偏移的对象，或［退出（E）/放弃（U）]＜退出＞：选择多段线 5

指定要偏移的那一侧上的点，或［退出（E）/多个（M）/放弃（U）]＜退出＞：单击外侧任意位置

（偏移出多段线 6）

选择要偏移的对象，或［退出（E）/放弃（U）]＜退出＞：回车

命令：OFFSET

当前设置：删除源＝否　图层＝源　OFFSETGAPTYPE＝0

指定偏移距离或［通过（T）/删除（E）/图层（L）]＜30.0000＞：20　并回车

选择要偏移的对象，或［退出（E）/放弃（U）]＜退出＞：单击多段线 6

指定要偏移的那一侧上的点，或［退出（E）/多个（M）/放弃（U）]＜退出＞：单击外侧任意位置

（偏移出多段线 7）

选择要偏移的对象，或［退出（E）/放弃（U）]＜退出＞：回车

命令：OFFSET

当前设置：删除源＝否　图层＝源　OFFSETGAPTYPE＝0

指定偏移距离或［通过（T）/删除（E）/图层（L）]＜20.0000＞：30　并回车

选择要偏移的对象，或［退出（E）/放弃（U）]＜退出＞：单击多段线 7

指定要偏移的那一侧上的点，或［退出（E）/多个（M）/放弃（U）]＜退出＞：单击外侧任意位置

（偏移出多段线 8）

选择要偏移的对象，或［退出（E）/放弃（U）]＜退出＞：回车（结束命令）

命令：EX　并回车

EXTEND

当前设置：投影＝UCS，边＝无

选择边界的边 ...

选择对象或 ＜全部选择＞：找到 2 个（选取直线 9、10）

选择对象：回车

选择要延伸的对象，或按住 Shift 键选择要修剪的对象，或

［栏选（F）/窗交（C）/投影（P）/边（E）/放弃（U）]：分别单击多段线 6、7、8 的两个端点。

选择要延伸的对象，或按住 Shift 键选择要修剪的对象，或

［栏选（F）/窗交（C）/投影（P）/边（E）/放弃（U）]：回车（结束命令）

结果如图 3 - 75 所示。

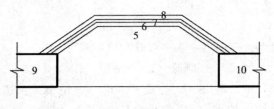

图 3 - 75　飘窗完成图

方法二

1. 操作方法

(1) 同方法一绘制墙体、开窗洞，并绘制内侧窗台线。

(2) 设置多线样式"飘窗"。打开多线样式设置，输入样式名，并修改样式设置值，如图 7 - 76 所示，样式中默认图元个数不够的，点击 添加(A) 按钮添加图元个数，直至四个图元，在"偏移"栏里修改偏移的距离。

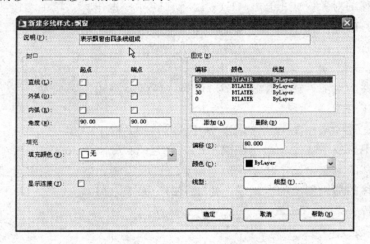

图 3 - 76　"飘窗"设置值

(3) 绘制飘窗轮廓线如图 3 - 77 所示，并做相应修剪。

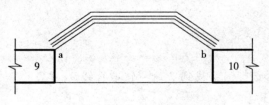

图 3 - 77　多线绘制飘窗

2. 命令显示

(1) 绘制飘窗轮廓线

(MLSTYLE 命令打开设置多线样式对话框，根据要求设置多线"飘窗")

命令：ML　并回车

MLINE

当前设置：对正 ＝ 上，比例 ＝ 20.00，样式 ＝ 飘窗

指定起点或［对正（J）/比例（S）/样式（ST）］：s　并回车

输入多线比例＜20.00＞：1　并回车

当前设置：对正＝上，比例＝1.00，样式＝飘窗

指定起点或［对正（J）/比例（S）/样式（ST）］：J　并回车

输入对正类型［上（T）/无（Z）/下（B）］＜上＞：3　并回车

当前设置：对正＝下，比例＝1.00，样式＝飘窗

指定起点或［对正（J）/比例（S）/样式（ST）］：捕捉点 a

指定下一点：@300,200　并回车

指定下一点或［放弃（U）］：＜正交 开＞600　并回车（鼠标向右）

指定下一点或［闭合（C）/放弃（U）］：捕捉点 b

指定下一点或［闭合（C）/放弃（U）］：回车（结束命令）

（2）修剪飘窗轮廓线

命令：X　并回车

EXPLODE

选择对象：找到 1 个（选取多线）

选择对象：回车

命令：EX　并回车

EXTEND

当前设置：投影＝UCS，边＝无

选择边界的边...

选择对象或＜全部选择＞：找到 2 个（选取直线9、10）

选择对象：回车

选择要延伸的对象，或按住 Shift 键选择要修剪的对象，或

［栏选（F）/窗交（C）/投影（P）/边（E）/放弃（U）］：指定对角点：分别单击多线分解后的各线端点。

选择要延伸的对象，或按住 Shift 键选择要修剪的对象，或

［栏选（F）/窗交（C）/投影（P）/边（E）/放弃（U）］：指定对角点：回车（结束命令）

3.3.2.3　疑难解答

怎样快速地进行修剪（延伸）时的对象选择？

答：修剪（延伸）在提示选择修剪（延伸）边界对象时若按回车，则系统将所有的图形元素作为修剪（延伸）对象的参照线。也就是说输入命令 TR（EX）之后，双击空格（回车）键，就可以任意修剪（延伸）了。

3.3.3　相关知识

3.3.3.1　多线（ML）

1. 概念

多线绘制命令用于绘制由多条平行线组成的直线组，可以设置不同的线型、偏移距离等。

绘制多线之前需设置多线样式，使用"MLSTYLE"命令打开多线样式设置对话框，对多线样式进行设置，多线的样式包括多线的图元数（最多为16，也即多线最多可由16条平行线组成）、线型、颜色、基点偏移量、填充颜色等内容。

开始绘制之前，可以修改多线的对正和比例。多线对正确定将在光标的哪一侧绘制多线，或者是否位于光标的中心上。多线比例用来控制多线的全局宽度（使用当前单位）。多线比例不影响线型比例。如果要修改多线比例，可能需要对线型比例做相应的修改，以防点或划线的尺寸不正确。

2. 命令激活

●执行菜单【绘图】→【多线】；

●命令行输入"MLINE"或"ML"命令；

3. 小知识

设置好多线样式，绘制多线之前一定要进行对正方式和比例的设置。多线样式里设置的为实际偏移距离的情况下，比例设置值为"1"。多线的对正方式分为"上（T）"、"无（Z）"、"下（B）"三种。如图 3-78 所示。

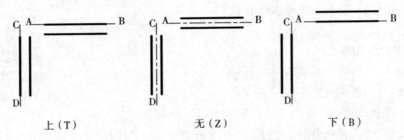

上（T）　　　　　　无（Z）　　　　　　下（B）

图 3-78 多线的三种对正方式

3.3.3.2 修剪（TR）

1. 概念

修剪命令可以用指定的一个或多个对象作为边界剪切被修剪对象，使其精确地终止于剪切边界线。可以使用修剪命令地对象包括圆、圆弧、直线、椭圆、多段线、射线、构造线和样条曲线。

修剪命令中提示的第一步选择对象指的是选择修建边界，第二步选择的是修剪对象，一个对象可以同时作为修剪边界和修剪对象，故图形不是很复杂的情况下可以将所有对象选中作为修剪边界。

2. 命令激活

●执行菜单【修改】→【修剪】；

●单击"修改"工具栏上的 ⊹ 图标；

●命令行输入"TRIM"或"TR"命令。

3. 小知识

使用修剪（TR）命令的同时，按住 Shift 键，效果等同于延伸（EX）命令。

如果选择多段线作为修剪边界，忽略其宽度，对象修剪的范围到多段线中心。

提示选择边界的情况下，单击鼠标右键或空格键或回车键，则选中所有对象。

3.3.3.3 延伸 (EX)

1. 概念

延伸命令用于将对象延伸到指定的边界上。可延伸的对象包括直线、圆弧、椭圆弧、开放的二维和三维多段线和射线,可作为延伸边界的对象包括直线、圆弧、椭圆弧、圆、椭圆、二维和三维多段线、射线、参照线、面域、样条曲线、文字或浮动视口。

延伸命令中提示的第一步选择对象指的是选择延伸边界,第二步选择的是延伸对象。延伸对象的延长线与延伸边界本身必须有一个交点。

2. 命令激活

●执行菜单【修改】→【延伸】;

●单击"修改"工具栏上的 ↗| 图标;

●命令行输入"EXTEND"或"EX"命令。

3. 小知识

使用延伸 (EX) 命令的同时,按住 Shift 键,效果等同于修剪 (TR) 命令。

如果选择多段线作为延伸边界,忽略其宽度,对象将延伸到多段线中心。

3.3.4 小 结

通过绘制飘窗和墙体的平面图,主要练习了多线、多线编辑、修剪和延伸等命令的使用方法和技巧。命令中有许多选项即二级命令可供选择,不同的选项即为命令不同的使用方法,教材未点到之处需要读者自行试验体会,以掌握更方便的方法和技巧。

3.3.5 实训作业

使用绘图与编辑命令绘制如图 3 - 79 所示图形。

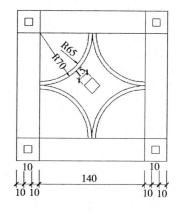
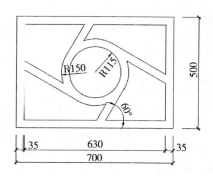

图 3 - 79　实训图形

3.3.6　思考题

1. 下列属于多线编辑工具的是（　　　）。
   A. 十字闭合　　　　　　　　B. T 形打开
   C. 角点结合　　　　　　　　D. 十字合并
2. 修剪命令和延伸命令配合 Ctrl 键可以相互转换，对还是错?（　　　）
3. 简述修剪命令和删除命令的区别，其分别适用于何种情况下。
4. 简述多线编辑各种工具分别使用于何种情况。

学习情境 4　装饰构配件绘制

任务 4.1　衣　　橱

【技能目标】

能熟练掌握 AutoCAD2009 基本绘图与修改操作；能熟练掌握绘制衣橱平面图形的流程；巩固与复习前面所学知识技能，达到熟练操作、灵活运用的程度。

【知识目标】

学习 AutoCAD2009 基本绘图方法；灵活运用样条线等绘图工具；掌握对象的偏移、图形复制、镜像等相关修改工具的运用；灵活运用所学知识于平面图绘制中，达到从技能训练中巩固已有知识，产生知识拓展，寻求学习新知识的方法。

【学习的主要命令】

样条线、复制、镜像、修剪、偏移。

4.1.1　图形分析

衣橱立面造型比较简单，由一对橱体组成。制作时可以用矩形、线等绘制出一侧橱体，再通过镜像或复制完成另一侧橱体的制作。也可先绘制出衣橱立面轮廓的矩形，连接上下边中点，再运用编辑命令完成衣橱制作。效果如图 4-1 所示。

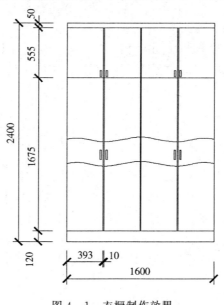

图 4-1　衣橱制作效果

4.1.2 操作步骤

方法一

1. 操作方法

(1) 单击"绘图"工具栏中的"矩形"□ 按钮,拾取"绘图窗口"中的任意一点,在"命令行"中输入@1600,-2400,回车确认,绘制一个矩形。

(2) 单击"修改"工具栏中的"分解" 按钮,选择矩形,将矩形分解。

(3) 单击"修改"工具栏中的 按钮,在"命令行"中输入120,回车确认,选择线段 CD,并单击线段 CD 上方,进行偏移复制,结果如图 4-2 所示。

图 4-2 偏移复制线段

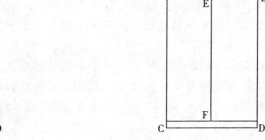

图 4-3 偏移复制线段

(4) 单击"修改"工具栏中的 按钮,在"命令行"中输入 50,回车确认,选择线段 AB,并单击线段 AB 下方,对线段 AB 进行偏移复制。

(5) 单击"绘图"工具栏中的"直线" 按钮,连接上面偏移复制出两条线段的中点,如图 4-3 所示。

(6) 单击"修改"工具栏中的"偏移" 按钮,在"命令行"中输入 600,回车确认,选择线段 AB,在线段 AB 上方单击,对线段 AB 进行偏移复制。

(7) 回车重复执行偏移命令,在"命令行"中输入 5,回车确认,选择线段 EF,单击线段 EF 左侧,再选择线段 EF,单击线段 EF 右侧,对线段 EF 偏移复制。

(8) 单击"修改"工具栏中的"删除" 按钮,选择线段 EF,回车确认,将线段删除,结果如图 4-4 所示。

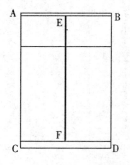

图 4-4 偏移复制线段

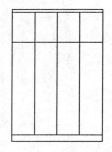

图 4-5 偏移复制线段

（9）采用同样方法，分别使用"偏移"工具对图形进行修改，结果如图 4-5 所示。

（10）单击"绘图"工具栏中的"样条曲线" ∿ 按钮，在衣橱立面绘制一条样条曲线，如图 4-6 所示。

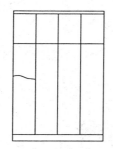

图 4-6 偏移复制线段

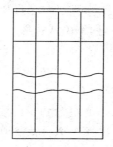

图 4-7 偏移复制线段

（11）单击"修改"工具栏中的"复制" ✿ 按钮，选择样条线，回车确认，选定基点，输入@0，-300，将样条线向下复制。

（12）单击"修改"栏中的"镜像" ⬚ 按钮，选择绘制好的两条曲线，将它镜像到衣橱右侧的门上。

（13）单击"修改"工具栏中的"复制" ✿ 按钮，选择镜像后的四条样条曲线，单击鼠标右键，然后拾取图形上的一点，将其复制到衣橱的右侧，结果如图 4-7 所示。

（14）单击"绘图"工具栏中"矩形" ⬚ 按钮，拾取"绘图窗口"中一点，在"命令行"中输入@10，-120，回车，画一个小矩形作为门立手。

（15）单击"修改"工具栏的"复制" ✿ 按钮，将绘制好的矩形进行多次复制，最终效果图如图 4-8 所示。

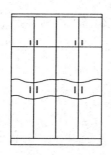

图 4-8 衣橱效果

2. 命令显示：

（1）绘制样条曲线

命令：_ spline（样条曲线）

指定第一个点或［对象（O)]：（确定样条曲线的第一点）

指定下一点：（确定样条曲线的第二点）

指定下一点或［闭合（C）/拟合公差（F)]＜起点切向＞：（确定样条曲线的第三点）

指定下一点或［闭合（C）/拟合公差（F)]＜起点切向＞：（确定样条曲线的第四点）

指定下一点或［闭合（C）/拟合公差（F)]＜起点切向＞：（回车确认）

指定起点切向：（回车确认）

指定端点切向：（回车确认）

（2）复制图形

命令：＿copy（复制）

选择对象：找到 1 个（选择要复制对象）

选择对象：（回车确认选择）

指定基点或［位移（D）/多个（M）］＜位移＞：指定第二个点或 ＜使用第一个点作为位移＞：@0，- 300（将对象垂直中下复制 300）

（3）镜像图形

命令：＿mirror（镜像）

选择对象：找到 1 个（选择要镜像的曲线）

选择对象：找到 1 个，总计 2 个

选择对象：（回车确认选择）

指定镜像线的第一点：指定镜像线的第二点：（选择镜像轴线上两点）

要删除源对象吗？［是（Y）/否（N）］＜N＞：n（选择 n 镜像时不删除原对象）

方法二

1. 操作方法

（1）单击"绘图"工具栏中的"矩形"□ 按钮，拾取"绘图窗口"中的任意一点，在"命令行"中输入@800，- 2400，回车确认，绘制一个矩形并将矩形分解。

（2）单击"修改"工具栏中的"偏移"📇 按钮，输入 50，选择线段 AB 向下偏移复制。

（3）单击"修改"工具栏中的"偏移"📇 按钮，输入 600，选择线段 AB 向下偏移复制。

（4）单击"修改"工具栏中的"偏移"📇按钮，输入 120，选择线段 CD 向上偏移复制。结果如图 4 - 9 所示。

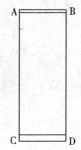
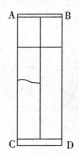

图 4 - 9　偏移复制线段　　　　　　图 4 - 10　偏移复制线段

（5）单击"绘图"工具栏中的"直线"╱ 按钮，连接上面偏移复制出两条线段的中点。

（6）单击"绘图"工具栏中的"样条曲线"╱ 按钮，在衣橱立面绘制一条样条曲线。如图 4 - 10 所示。

（7）单击"修改"工具栏中的"复制"🗔 按钮，选择样条线，回车确认，选定基点，输入@0，- 300，将样条线向下复制。

（8）单击"修改"栏中的"镜像"  按钮，选择绘制好的两条曲线，回车确认，将它镜像到衣橱右侧的门上，结果如图 4 - 11 所示。

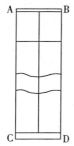

图 4 - 11 偏移复制线段

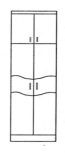

图 4 - 12 偏移复制线段

（9）单击"绘图"工具栏中"矩形" 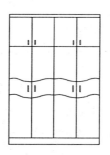 按钮，拾取"绘图窗口"中一点，在"命令行"中输入@10，-120，回车确认，画一个小矩形作为门拉手。

（10）单击"修改"工具栏的"复制" 按钮，将绘制好的矩形进行多次复制，结果如图 4 - 12 所示。

（11）单击"修改"工具栏的"复制" 按钮，选择所有图形，复制出另一半橱体，如图 4 - 13 所示。

图 4 - 13 复制橱体

（12）使用"偏移"、"修剪"等工具对图形进行修改，结果如图 4 - 1 所示。

4.1.3 疑难解答

1. AutoCAD 中对象复制有几种方式？分别在哪种情况下使用？

答：AutoCAD 中有如下几种对象复制方式：复制（Copy）、镜像（Mirror）、偏移（Offset）、阵列（Array）、COPYCLIP（Ctrl+C）等。

在复制对象时，我们可参照发下原则选择复制方式：

（1）若将图形只复制一次，则一般选用 COPY 命令。

（2）将某图形随意复制多次，则应选用 COPY 命令的"多个（M）"选项或者使用 COPYCLIP（普通复制）方式。

（3）如果复制后的图形按一定规律排列，如形成若干行若干列，或者沿某圆周（圆弧）均匀分布，则应选用阵列命令。

（4）如果要生成多条彼此平行、间隔相等或不等的线条，或者生成一系列同心椭圆（弧）、圆（弧）等，则应选用偏移命令。

（5）在同一图形文件中，如果需要复制的数量相当大，为了减少文件的大小，或便于日后统一修改，则应把指定的图形用"块"命令定义为块，再选用插入命令将块插入即可。

4.1.4 相关知识

1. 绘制样条曲线

功能：绘制样条曲线。

命令输入：

●下拉菜单：【绘图】/【样条曲线】

●工具栏：绘图→样条曲线

●命令：Spline

操作格式：

输入命令后，提示：

指定第一个点或［对象（O）］：

指定下一点：

指定下一点或［闭合（C）/拟合公差（F）］＜起点切向＞：

指定下一点或［闭合（C）/拟合公差（F）］＜起点切向＞：

指定起点切向：

指定端点切向：

★指定第一个点：直接输入样条曲线的第一点。

★对象（O）：表示将由 Pedit 编辑命令得到的多段线转化成等价的样条曲线。输入"O"选中该项，系统继续提示：

选择要转换为样条曲线的对象…：提示下面将选择要转化为样条曲线的对象。

选择对象：选择对象，则将所选择对象转化为样条曲线。

★指定下一点：输入样条曲线下一点。

★闭合（C）：表示将当前点与样条曲线的起点连起来，形成一个封闭的样条曲线。此时就不需要指定起点与终的切线方向了。

★拟合公差（F）：表示将设置样条曲线的拟合公差（即曲线与输入点的偏离程度），系统提示：

指定拟合公差＜0.0000＞：输入样条曲线的拟合公差。

★起点切向：选择该选项，直接回车，则转入定义样条曲线的起点方向步骤。

2. 镜像图形

功能：对镜像关系的图形进行镜像复制。

命令输入：

●下拉菜单：【修改】/【镜像】

●工具栏：修改→镜像

●命令：Mirror

操作格式：

输入命令后，提示：

选择对象：选择要镜像的图形对象，回车确认选择。

指定镜像线的第一点：指定镜像线的第二点：

要删除源对象吗？［是（Y）/否（N）］<N>：n　选择 n 镜像时不删除原对象。

说明：

☆镜像线由输入的两点决定，该线不一定是要真实存在图形，而且镜像线可以是任意角度的直线，不一定必须是水平或垂直线。

☆对文本镜像复制时，有两种结果：一是"完全"镜像，即它的位置和顺序与其他图形都发生了镜像；二是"部分"镜像，即文本的顺序不变，其他图形发生镜像。这两种结果由文字镜像变量 MIRRTEXT 控制。当 MIRRTEXT＝1 时，完全镜像；当 MIRRTEXT＝0 时，部分镜像，如图 4-14 所示。

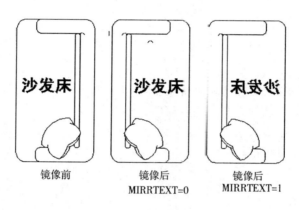

图 4-14　镜像效果

4.1.5　小　结

本任务详细介绍了衣橱的绘制方法，学习一些绘图过程中常用到的一些命令的使用方法与技巧，包括样条曲线的绘制，图形对象的复制、偏移、镜像等修改命令。读者可以结合具体实例操作步骤学习、领会这些命令的使用方法与技巧。本任务中应熟练掌握几种图形复制方法运用技巧，做到灵活、准确的熟练程度。

4.1.6　实训作业

绘制图 4-15 所示图形。

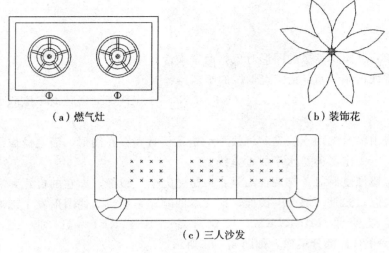

（a）燃气灶 （b）装饰花

（c）三人沙发

图 4 - 15 实训图形

4.1.7 思考题

1. 说明矩形阵列与圆周阵列应用特点。
2. 偏移复制与其它复制方式相比有何区别？
3. 部分镜像有何作用？
4. 如何绘制样条曲线？

任务 4.2　卫生洁具绘制

【技能目标】

能熟练掌握 AutoCAD2009 基本绘图与编辑操作；能够利用图层管理图形文件，使用直线、椭圆等绘图命令与圆角、倒角、镜像等编辑命令绘制出给定的卫生洁具；利用设计中心能够借用已有资料进行较为快速地绘图。通过训练，巩固与复习前面所学技能，达到熟练操作、灵活运用的程度。

【知识目标】

对图层的概念、属性及设置方法有较深入的认识；运用相关命令能完成卫生洁具的绘制；对 AutoCAD2009 中设计中心能够充分认识与合理使用。

【学习的主要命令】

椭圆、圆角、倒角、镜像、边界、定数等分、设计中心等。

4.2.1　洗手盆

4.2.1.1　图形分析

洗手盆如图 4 - 16 所示，主要由台面与洗手池组成。台面可使用矩形、直线及圆角命令进行绘制与编辑；洗手池可以使用椭圆、圆弧、直线结合相应的编辑命令，如镜像、移动、剪切等命令来完成；最后把二者组合在一起。

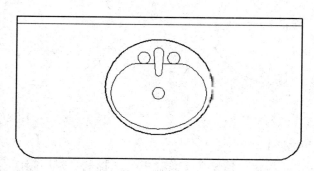

图 4 - 16　洗手盆

4.2.1.2　操作步骤

1. 图层设置

设置外轮廓线图层，线宽为 0.5，内轮廓线图层为默认值。

2. 绘制台面

置外轮廓线层为当前层；单击"绘图"工具栏中的"矩形" ▢ 按钮，绘制长 1200 宽 600 的矩形。在内轮廓线层上，激活"绘图"工具栏中的"直线" ╱ 命令，定位绘制一条直线。单击"修改"工具栏中的"圆角" ◠ 命令，设置 R 值 100，对外侧两角进行圆角，绘制结果如图 4 - 17 所示。

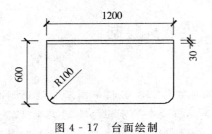

图 4 - 17 台面绘制   图 4 - 18 绘制椭圆

3. 绘制洗手池

（1）绘制椭圆

置外轮廓线层为当前层；单击"绘图"工具栏中的"椭圆" ⬭ 按钮，在视图任意位置绘制长轴 500 短轴 400 的椭圆，结果如图 4 - 18 所示。

（2）绘制参照线

单击"修改"工具栏中的"偏移" 📑 命令，设置偏移值为 20，偏移洗手池外轮廓线，得内轮廓线。选内轮廓线，置内轮廓线层为当前层，把内轮廓线移到内轮廓线层上。置内轮廓线层为当前层，激活"绘图"工具栏中的"直线" ╱ 命令，捕捉大椭圆上下象限点，定位绘制一条直线 AB；单击【绘图】/【点】/【定数等分】，输入相应选项，得直线 AB 的四等分点；在直线 AB 四等分点处绘制一条水平参照线。最后结果如图 4 - 19 所示。

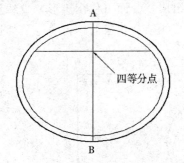

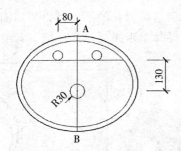

图 4 - 19 绘制参照线   图 4 - 20 绘制水管与漏水孔

（3）绘制水管与漏水孔

在内轮廓线图层上，单击"绘图"工具栏中的"椭圆" ⬭ 按钮，按图 4 - 20 所示位置绘制，绘制过程中可选用镜像命令进行编辑操作，以提高绘图效率。

（4）编辑洗手池内轮廓线

在内轮廓线图层上，单击"修改"工具栏中的"偏移" 📑 命令，设置偏移值为 120，分别向左右偏移 AB 直线，得修剪辅助线；单击"修改"工具栏中的"修剪" 📑 命令，修剪结果如图 4 - 21（a）所示；单击"修改"工具栏中的"圆角" ⌐ 命令，设置 R 值 100，对内侧两角进行圆角，绘制结果如图 4 - 21（b）所示。

（5）绘制水龙头

在内轮廓线图层上，按图 4 - 22 所示水龙头位置与大小，选用直线、圆、圆弧绘图命令与镜像等编辑命令进行绘制。

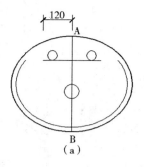
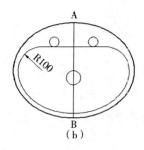

图 4 - 21 编辑洗手池内轮廓线

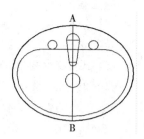

图 4 - 22 绘制水龙头

（6）修剪与删除辅助线

启用修剪与删除命令，对多余线段进行编辑，结果如图 4 - 23 所示。

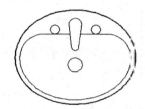

图 4 - 23 洗手池绘制结果

4. 组合台面与洗手池

按洗手池在台面上下左右居中的位置组合起来，最后结果如图 4 - 16 所示。

4.2.2 坐便器

4.2.2.1 图形分析

坐便器如图 4 - 24 所示，主要由水箱与便池组成。水箱可使用矩形、直线、圆、边界绘图命令及剪切、圆角等编辑命令进行绘制与编辑。便池可以使用直线、样条线、结合相应的编辑命令，如镜像、圆角、移动等命令来完成。最后把二者组合在一起。

图 4 - 24 坐便器

4. 2. 2. 2 操作步骤

1. 图层设置

设置外轮廓线图层，线宽为 0.5，内轮廓线图层为默认值。

2. 绘制水箱

（1）绘制水箱外轮廓辅助线

在内轮廓线图层上，单击"绘图"工具栏中的"矩形" ▫ 按钮，绘制长 550 宽 250 的矩形。激活"绘图"工具栏中的"直线" ╱ 命令，按图 4 - 25 所示定位绘制 5 条辅助线。

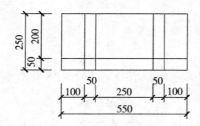

图 4 - 25 绘制水箱外轮廓辅助线

（2）绘制与编辑水箱外轮廓线

在内轮廓线图层上，单击"修改"工具栏中的"修剪" ╬ 命令，按图 4 - 26 所示图形进行修剪；激活"绘图"工具栏中的"直线" ╱ 命令，连接两条斜线；单击【绘图】/【边界】，弹出如图 4 - 27 对话框，选择拾取点选项，在视图中的轮廓线内单击鼠标后，生成一条多段线，删除非多段线部分，结果如图 4 - 26 所示。

图 4 - 26 水箱外轮廓线   图 4 - 27 创建多段线对话框

（3）编辑水箱外轮廓线

在内轮廓线图层上，单击"修改"工具栏中的"圆角" ╱ 命令，分别设置 R 值 50、20，分别对外侧与内侧拐角进行圆角，绘制结果如图 4 - 28 所示。

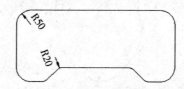

图 4 - 28 水箱外轮廓线圆角

（4）编辑水箱内轮廓线与绘制水箱阀门

在内轮廓线图层上，单击"修改"工具栏中的"偏移" 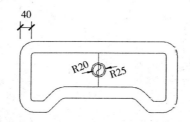 命令，设置偏移值为 40，向内偏移得到水箱内轮廓线；激活"绘图"工具栏中的"直线" ╱ 命令，配合中点捕捉 ╱ 辅助绘图工具，绘制水阀辅助线，按居中位置绘制水阀，结果如图 4 - 29 所示。

图 4 - 29　编辑水箱内轮廓线与绘制水阀

（5）删除辅助线

运用适当方式选中辅助线，按 Delete 键，删除后如图 4 - 30 所示。

图 4 - 30　水箱绘制结果

3．绘制便池

（1）绘制便池辅助线

在内轮廓线图层上，单击"绘图"工具栏中的"矩形" ▭ 按钮，绘制长 400 宽 600 的矩形。激活"绘图"工具栏中的"直线" ╱ 命令，按图 4 - 31 所示定位绘制 2 条辅助线。

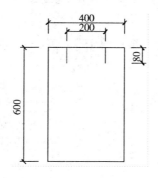

图 4 - 31　绘制便池辅助线

图 4 - 32　绘制便池外轮廓线

（2）绘制便池外轮廓线

在内轮廓线图层上，单击"绘图"工具栏中的"样条线" ◠ 按钮，参照图 4 - 32 所示图形中的点位，绘制便池外轮廓线。

（3）镜像外轮廓线

单击"修改"工具栏中的"镜像" ⚊ 命令，启用中点捕捉辅助绘图工具，镜像便池外轮廓线；删除辅助矩形，绘制结果如图 4 - 33 所示。

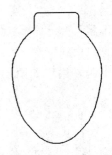

图 4-33　镜像外轮廓线

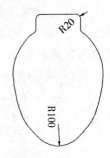

图 4-34　圆角结果

（4）外轮廓线圆角结果

单击"修改"工具栏中的"圆角" ⌐ 命令，分别设置 R 值 100、20，分别对前、后拐角处进行圆角，编辑结果如图 4-34 所示。

（5）生成内轮廓线

单击"修改"工具栏中的"偏移" ⊿ 命令，设置偏移值为 30，向内偏移得便池内轮廓线，如图 4-35 所示。

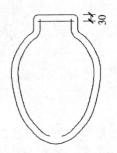

图 4-35　生成内轮廓线

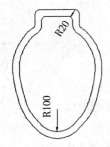

图 4-36　圆角内轮廓线

（6）圆角内轮廓线

单击"修改"工具栏中的"圆角" ⌐ 命令，分别设置 R 值 100、20，分别对前、后拐角处进行圆角，编辑结果如图 4-36 所示。

4. 组合水箱与便池

（1）单击"修改"工具栏中的"移动" ✛ 命令，按图 4-37 所示，左右居中、上下 80 位置移动便池到指定位置。在内轮廓线图层上，单击"绘图"工具栏中的"样条线" ～ 按钮，参照图 4-36 所示图形补上坐便器外轮廓线。

（2）修改实体图层

使用适当方式选中所示坐便器外轮廓线，置外轮廓线图层为当前图层，并显示线宽。最后绘制结果如图 4-24 所示。

4.2.2.3　疑难解答

水箱外轮廓线修剪后为何要使用边界命令再生成一个外轮廓线？

水箱外轮廓线剪切后的结果是各条线段是各自独立的，

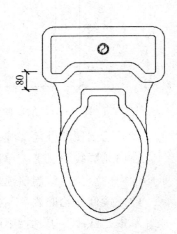

图 4-37　组合水箱与便池

而边界后成为了多段线，变成了一个整体，对以后操作更方便。

4.2.3 相关知识

4.2.3.1 椭 圆

功能：绘制椭圆

命令输入：

●下拉菜单：【绘图】/【椭圆】

●工具栏：绘图→ ⬭

●命令：ellipse

命令显示：

1. 默认方式绘制椭圆：

命令：_ ellipse（启动椭圆命令）

指定椭圆的轴端点或［圆弧（A）/中心点（C）］:（在视图中拾取 A 点）

指定轴的另一个端点:（在视图中拾取 B 点）

指定另一条半轴长度或［旋转（R）］:（在视图中拾取 C 点）

命令：［确定、结束命令，结果如图 4 - 38（a）所示］

2. （中心点（C）绘制椭圆命令显示：

命令：_ ellipse

指定椭圆的轴端点或［圆弧（A）/中心点（C）］: C

（选择 C 方式绘制椭圆，在视图中拾取 O 点）

指定轴的另一个端点:（在视图中拾取 B 点）

指定另一条半轴长度或［旋转（R）］:（在视图中拾取 C 点）

命令：［确定、结束命令，结果如图 4 - 38（b）所示］

3. 圆弧（A）方式绘制椭圆弧：

命令：_ ellipse

指定椭圆的轴端点或［圆弧（A）/中心点（C）］: a（选择 A 方式绘制椭圆）

指定椭圆弧的轴端点或［中心点（C）］:（在视图中拾取 O 点）

指定轴的另一个端点:（在视图中拾取 B 点）

指定另一条半轴长度或［旋转（R）］:（在视图中拾取 C 点）

指定起始角度或［参数（P）］: 90（指定椭圆弧起始角度 90）

指定终止角度或［参数（P）/包含角度（I）］:（指定椭圆弧终止角度 0）

命令：［确定、结束命令，绘制结果如图 4 - 38（c）所示］

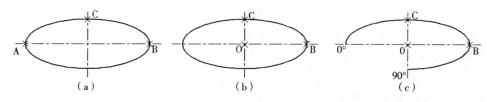

图 4 - 38　绘制椭圆

4.2.3.2 圆 角

功能：按设定的半径，在一对相交直线进行圆弧光滑连接，也可对封闭的多段线（包括多段线、多边形、矩形）各线段交点同时圆弧连接。

命令输入：

●下拉菜单：【修改】/【圆角】

●工具栏：修改→ 图

●命令：fillet

命令显示：

1. 默认方式圆角命令显示：

命令：_ fillet（启动圆角命令）

当前设置：模式 = 修剪，半径 = 10.00（默认圆角 R 值）

选择第一个对象或［放弃（U）/多段线（P）/半径（R）/修剪（T）/多个（M）］：

选择第二个对象，或按住 Shift 键选择要应用角点的对象：

命令：［确定、结束命令，绘制结果如图 4 - 39（a）所示］

2. 多重方式圆角命令显示：

命令：_ fillet

当前设置：模式 = 修剪，半径 = 10.00

选择第一个对象或［放弃（U）/多段线（P）/半径（R）/修剪（T）/多个（M）］：m

选择第一个对象或［放弃（U）/多段线（P）/半径（R）/修剪（T）/多个（M）］：

选择第二个对象，或按住 Shift 键选择要应用角点的对象：

选择第二个对象，或按住 Shift 键选择要应用角点的对象：

选择第一个对象或［放弃（U）/多段线（P）/半径（R）/修剪（T）/多个（M）］：

选择第二个对象，或按住 Shift 键选择要应用角点的对象：

选择第二个对象，或按住 Shift 键选择要应用角点的对象：

选择第一个对象或［放弃（U）/多段线（P）/半径（R）/修剪（T）/多个（M）］：

选择第二个对象，或按住 Shift 键选择要应用角点的对象：

选择第一个对象或［放弃（U）/多段线（P）/半径（R）/修剪（T）/多个（M）］：

选择第二个对象，或按住 Shift 键选择要应用角点的对象：

选择第一个对象或［放弃（U）/多段线（P）/半径（R）/修剪（T）/多个（M）］：

命令：［确定、结束命令，绘制结果如图 4 - 39（b）所示］

3. 多段线（P）方式圆角：

命令：_ fillet

当前设置：模式 = 修剪，半径 = 10.00

选择第一个对象或［放弃（U）/多段线（P）/半径（R）/修剪（T）/多个（M）］：p

选择二维多段线：（必须选择二维多段线对象）

4 条直线已被圆角

命令：［确定、结束命令，绘制结果如图 4 - 39（c）所示］

4. 修剪（T）方式圆角：

命令：_ fillet

当前设置：模式 ＝ 修剪，半径 ＝ 10.00

选择第一个对象或［放弃（U）/多段线（P）/半径（R）/修剪（T）/多个（M）］：t

输入修剪模式选项［修剪（T）/不修剪（N）］＜修剪＞：n

选择第一个对象或［放弃（U）/多段线（P）/半径（R）/修剪（T）/多个（M）］：

选择第二个对象，或按住 Shift 键选择要应用角点的对象：

命令：［确定、结束命令，绘制结果如图 4 - 39（d）所示］

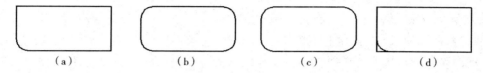

（a）　　　　　　（b）　　　　　　（c）　　　　　　（d）

图 4 - 39　不同圆角方式结果

5. R 值与圆角结果

（1）圆角命令可对两条平行线进行圆弧连接，且与 R 值大小无关，如图 4 - 40（b）所示。

（2）对于非平行线的圆角 R 值不同将在相应位置上圆角，其结果如图 4 - 40（d）所示。

（a）平行线原图　（b）平行线圆角　　（c）非平行线原图　　　（d）非平行线不同R值圆角结果

图 4 - 40　不同 R 值圆角结果

4.2.3.3 倒　角

功能：按设定的距离或角度在一对相交直线上进行斜线连接，也可对封闭的多段线（包括多段线、多边形、矩形）各线段交点同时进行倒角。

命令输入：

●下拉菜单：【修改】/【倒角】

●工具栏：修改→ ⌐

●命令：chamfer

命令显示：

1. 默认方式下倒角命令显示：

命令：_ chamfer

（"修剪"模式）当前倒角距离 1 ＝ 10.00，距离 2 ＝ 10.00

选择第一条直线或［放弃（U）/多段线（P）/距离（D）/角度（A）/修剪（T）/方式（E）/多个（M）］：

选择第二条直线，或按住 Shift 键选择要应用角点的直线：

命令：［确定、结束命令，绘制结果如图 4 - 41（b）所示］

2．P 方式下倒角命令显示：

命令：_ chamfer

（"修剪"模式）当前倒角距离 1 ＝ 10.00，距离 2 ＝ 10.00

选择第一条直线或［放弃（U）/多段线（P）/距离（D）/角度（A）/修剪（T）/方式（E）/多个（M）］：p 选择二维多段线：

4 条直线已被倒角

命令：［确定、结束命令，绘制结果如图 4 - 41（c）所示］

3．D 方式下倒角命令显示：

命令：_ chamfer

（"修剪"模式）当前倒角距离 1 ＝ 10.00，距离 2 ＝ 10.00

选择第一条直线或［放弃（U）/多段线（P）/距离（D）/角度（A）/修剪（T）/方式（E）/多个（M）］：d 指定第一个倒角距离 ＜10.00＞：（确定、接受默认值）

指定第二个倒角距离 ＜10.00＞：20

选择第一条直线或［放弃（U）/多段线（P）/距离（D）/角度（A）/修剪（T）/方式（E）/多个（M）］：

选择第二条直线，或按住 Shift 键选择要应用角点的直线：

命令：［确定、结束命令，绘制结果如图 4 - 41（d）所示］

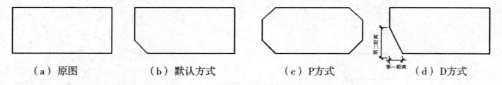

（a）原图　　　　（b）默认方式　　　　（c）P方式　　　　（d）D方式

图 4 - 41　不同方式倒角结果

4．A 方式下倒角命令显示：

命令：_ chamfer

（"修剪"模式）当前倒角距离 1 ＝ 10.00，距离 2 ＝ 20.00

选择第一条直线或［放弃（U）/多段线（P）/距离（D）/角度（A）/修剪（T）/方式（E）/多个（M）］：a 指定第一条直线的倒角长度 ＜20.00＞：

指定第一条直线的倒角角度 ＜0＞：15

选择第一条直线或［放弃（U）/多段线（P）/距离（D）/角度（A）/修剪（T）/方式（E）/多个（M）］：

选择第二条直线，或按住 Shift 键选择要应用角点的直线：

命令：［确定、结束命令，绘制结果如图 4 - 42（a）所示］

5．T 方式下倒角命令显示：

命令：_ chamfer

（"不修剪"模式）当前倒角距离 1 ＝ 10.00，距离 2 ＝ 10.00

选择第一条直线或［放弃（U）/多段线（P）/距离（D）/角度（A）/修剪（T）/方式（E）/多个（M）］：

选择第二条直线，或按住 Shift 键选择要应用角点的直线：

命令：［确定、结束命令，绘制结果如图 4 - 42（b）所示］

6．M 方式下倒角命令显示：

命令：_ chamfer

（"修剪"模式）当前倒角长度 = 20.00，角度 = 15

选择第一条直线或［放弃（U）/多段线（P）/距离（D）/角度（A）/修剪（T）/方式（E）/多个（M）］：m

选择第一条直线或［放弃（U）/多段线（P）/距离（D）/角度（A）/修剪（T）/方式（E）/多个（M）］：

选择第二条直线，或按住 Shift 键选择要应用角点的直线：

选择第一条直线或［放弃（U）/多段线（P）/距离（D）/角度（A）/修剪（T）/方式（E）/多个（M）］：

选择第二条直线，或按住 Shift 键选择要应用角点的直线：

选择第一条直线或［放弃（U）/多段线（P）/距离（D）/角度（A）/修剪（T）/方式（E）/多个（M）］：

选择第二条直线，或按住 Shift 键选择要应用角点的直线：

选择第一条直线或［放弃（U）/多段线（P）/距离（D）/角度（A）/修剪（T）/方式（E）/多个（M）］：

选择第二条直线，或按住 Shift 键选择要应用角点的直线：

选择第一条直线或［放弃（U）/多段线（P）/距离（D）/角度（A）/修剪（T）/方式（E）/多个（M）］：

命令：［确定、结束命令，绘制结果如图 4 - 42（c）所示］

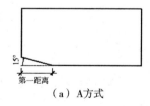　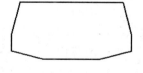

（a）A方式　　　　　　（b）T方式　　　　　　（c）M方式

图 4 - 42　不同方式到角结果

4.2.3.4　边　界

功能：参照一封闭区域，创建一个多段线，给其他操作，如偏移、图案填充等带来方便。

命令输入：

●下拉菜单：【绘图】/【边界...】

●命令：boundary

命令显示：

命令：_ boundary（启动边界命令，弹出如图 4 - 43 对话框）

选择一个点定义一个边界或填充区域：

图 4 - 43　边界对话框

正在选择所有可见对象 …

正在分析所选数据 …

选择一个点定义一个边界或填充区域：

命令：（确定、结束命令，创建了一条多段线，图 4 - 44 为边界前后选择对比，图 4 - 45 是边界前后执行偏移命令后结果对比）

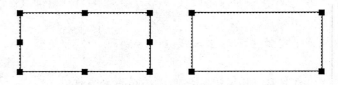

图 4 - 44　边界命令前后选择对比

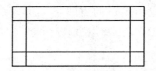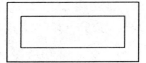

图 4 - 45　边界命令前后偏移对比

4.2.3.5　设计中心

功能：浏览、查找、预览和管理图形文件中的图层、图块、标注、外部参照等设计资源，还可把这些资源复制到当前文件中，提高绘图效率。

命令输入：

●下拉菜单：【工具】/【选项板】/【设计中心】

●工具栏：标准→

●命令：adcenter（dc）

●快捷键：Ctrl＋2

1. 设计中心界面

启动设计中心命令，打开如图 4 - 46 所示对话框。左半部是文件夹树状目录，可从中选择打开的文件夹或 dwg 文件，右半部是选中文件夹或 dwg 文件内部资源预览。

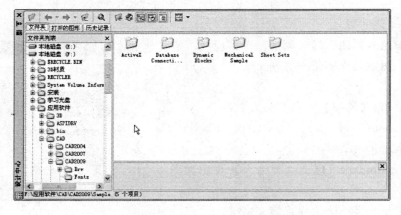

图 4 - 46　设计中心界面

（1）加载  ：单击 按钮，打开图 4 - 47 所示对话框，从中选择需要加载的 dwg 文件后，单击 打开⑩ 按钮，即可在内容显示框内显示文件夹或文件中的内容，图 4 - 48 所示，加载了"04 安磊楼梯 0425.dwg"，内容显示框中显示了该文件中的内容。

图 4 - 47 加载对话框

图 4 - 48 显示打开文件内容

（2）上一页 ⇦ ：打开上一步打开的页面。

（3）下一页 ⇨ ：打开下一步打开的页面。

（4）上一级 ：逐级向上打开页面，直至桌面变为不可用。

（5）搜索 ：输入搜索选项可查找目标对象。

（6）隐藏预览框 ：控制内容显示框下部图形预览区的打开与关闭。

2．查找设计资源

（1）查找图形文件：在"设计中心"对话框中单击"搜索" 按钮，打开图 4 - 49 对话框；单击"浏览"按钮，确定目标文件夹，如"N \ 01 教学文件 \ 06 建筑类教材编写"；在"图形"区的"搜索文字"文本框内输入要查找文字，如"平面窗"；单击"立即搜索"按钮，经搜索就在指定文件夹中找到符合条件的文件，并在显示栏内显示出来。另外，还可按"修改日期"或设置一些高级选项，如按文件大小进行搜索。

图 4 - 49 查找文件

(2) 查找图形文件中资源：在"搜索"下拉列表中，选择要查找资源的类型，如图 4 - 50 中的"图层"，指定搜索范围，如图 4 - 51 指定了"N:\01 教学文件 \ 06 建筑类教材编写"；在"搜索名称"文本框内输入要查找的名称，如"标注"；单击"立即搜索"按钮，经搜索就在指定文件夹中找到符合条件的图层，并在显示栏内显示出来，如图 4 - 36 所示。

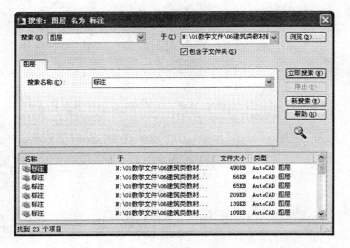

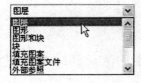

图 4 - 50　选择搜索项目　　　　图 4 - 51　图层搜索结果

3．复制

在"设计中心"对话框中的显示框内，选中要打开的文件，双击、打开文件中的所需要的资源，如块，在预览框内显示出所有的块名与预览，如图 4 - 52 所示；选中要复制的块，如"平面窗"，右击、在快捷菜单中选择"插入块"，在弹出的"插入"对话框中设定各选项参数，在当前文件中就插入了平台窗块，同时当前文件中也保存了平台窗块。另一种操作是，单击拖动要复制的块，如"平面窗"到绘图区松开鼠标后，与上步操作效果相同。同样操作也可复制选中文件内的其他资源，如标注样式、文字样式、图层等。

4．打开图形

在"设计中心"对话框中的显示框内，选中要打开的文件，右击、出现图 4 - 53 所示快捷菜单，从中选择"在应用程序窗口中打开"，即可打开图形文件。

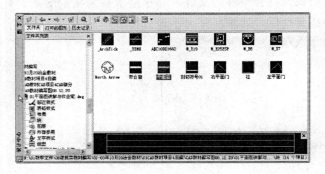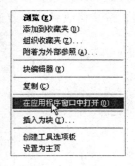

图 4 - 52　复制块　　　　　　图 4 - 53　打开文件快捷菜单

4.2.4　小　结

本任务详细介绍了卫生洁具类设施的绘制方法，训练了绘图过程中常用到的一些命令的使用方法与技巧，巩固了图层概念与使用图层管理文件的技巧，对提高绘图效率有极大的促进作用。设计中心的运用使我们对 AutoCAD 有了更深入的认识，希望能够通过合理运用设计中心，提高绘图速率、减少重复劳动。

4.2.5　实训作业

1. 查相关设计资料，绘制图 4 - 54 所示卫生洁具。

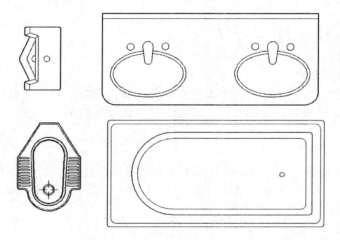

图 4 - 54　卫生、洁具

2. 新建一个 dwg 文件，运用设计中心的功能，从其他图形文件中查找与复制建筑绘图常用的图层、图块、标注样式、文字样式。

4.2.6　思考题

1. "随层"是什么意思？在"对象特性"工具栏内设置的对象属性与"图层特性管理器"对话框中设置的对象属性有何不同？
2. "边界"命令创建多段线后，原图还存在吗？怎样检查呢？
3. 如何将一个非封闭连续的若干线段修改为多段线？
4. 设计中心对绘图有哪些方面的作用？

任务 4.3 楼 梯 绘 制

【技能目标】

能熟练掌握用 AutoCAD2009 绘制楼梯的方法，达到能灵活运用阵列命令、复制命令及尺寸标注等工具绘制建筑设计图纸的命令。

【知识目标】

能够正确识读楼梯平面图、立面图、以及详图，全面学习楼梯绘制的线型、线宽、尺寸标注等相关的建筑制图知识，学员通过上机实践操作运用理论知识于楼梯绘制中，达到从技能训练中巩固已有知识，学习新的知识同时产生知识拓展的目的。

【学习的主要命令】

尺寸标注、阵列。

4.3.1 楼梯平面图

4.3.1.1 图形分析

正确识读楼梯平面图，把楼梯平面图分解为建筑构（配）件，如台阶踏面、栏杆、扶手、尺寸标注等，然后综合运用绘图、阵列、尺寸标注等相关工具绘图，达到准确快速绘图的目的。

4.3.1.2 绘图思路

楼梯平面图的绘制可分解为以下步骤：（1）绘制和编辑第一条踏步投影线；（2）阵列生成全部踏步投影线；（3）绘制楼梯上下示意箭头；（4）尺寸标注。最后结果如图 4-55 所示。

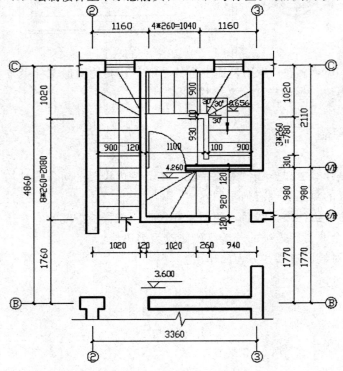

图 4-55 楼梯平面图

4.3.1.3 操作步骤

1. 绘制和编辑第一条踏步投影线

设楼梯层为当前层，单击"绘图"工具栏中的"直线" 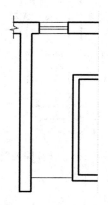 按钮，在正交状态下，捕捉右侧墙体的中轴线端点，绘制后的线段如图 4 - 56 所示。

图 4 - 56 生成第一条踏步投影线

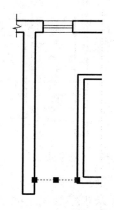

图 4 - 57 选择踏步投影线

2. 阵列生成踏步投影线

因为每两个踏步投影线之间的距离都是"260"，所以可以用"阵列"命令快速、准确地复制其他的踏步投影线，步骤如下：

（1）选择阵列对象。

选择第（1）步绘制的第一条踏步投影线，如图 4 - 5⁷ 所示。

（2）阵列对象

①单击"绘图"工具栏中的 ⊞ 按钮或者依次单击 ▲ →修改（M）→阵列（A），在命令行提示下，输入 array，启用阵列命令后弹出如图 4 - 58 所示的对话框。

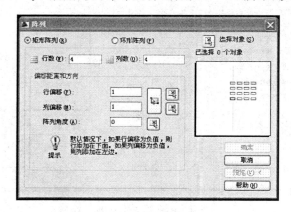

图 4 - 58 阵列对话框

②在"阵列"对话框中选择"矩形阵列"。单击"选择对象"，"阵列"对话框将关闭。程序将提示选择对象。

③在"行"框中，输入阵列中的行数"9"。

④在"列"框中，输入阵列中的列数"1"。

⑤在"行偏移"框中，输入行间距"260"，按 ENTER 键确认，命令结束。如图

4 - 59所示。

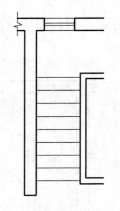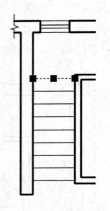

图 4 - 59 阵列生成踏步投影线   图 4 - 60 选择阵列对象

3. 生成角度踏步投影线

因为每两个踏步投影线之间的角度都是 30°，所以可以用"阵列"命令快速准确地复制踏步投影线，步骤如下：

（1）选择阵列对象

选择绘制的最后一条踏步投影线，如图 4 - 60 所示。

（2）阵列对象

①单击"绘图"工具栏中的 ⊞ 按钮或者依次单击 ◣ →修改（M）→阵列（A）。在命令行提示下，输入 array。启用阵列命令后弹出如图 4 - 61 所示的对话框。

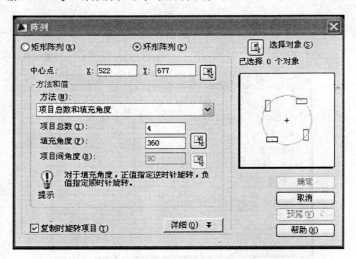

图 4 - 61 阵列对话框

②在"阵列"对话框中选择"环形阵列"。

③单击"中心点" ⊠ 按钮，利用对象捕捉命令捕捉楼梯投影线的端点，按 ENTER 键确认。

④在"项目总数"框中输入"4"。

⑤在"填充角度"框中输入行间距"－90"，按 ENTER 键确认，命令结束。如图

4-62所示。

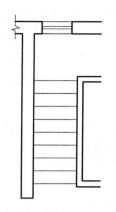

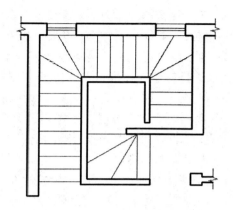

图 4-62 阵列生成拐角踏步投影线 图 4-63 生成楼梯全部踏步投影线

4．阵列生成全部踏步投影线

重复（2）（3）步骤，完成楼梯全部踏步投影线，如图 4-63 所示。

5．绘制楼梯上下示意箭头

（1）绘制箭头细直线段

单击"绘图"工具栏中的 按钮，指定起点后，命令栏出现"指定下一个点或［圆弧（A）/半宽（H）/长度（L）/放弃（u）/宽度（W）]"提示，输入"W"，按 ENTER 键确认。

出现"指定起点宽度＜0.000＞："提示后，输入"0"

出现"指定端点宽度＜0.000＞："提示后，输入"0"

单击鼠标左键确定箭头细线的终点，如图 4-64 所示。

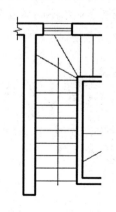

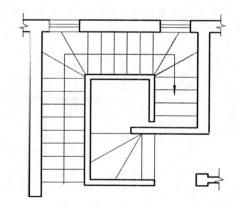

图 4-64 绘制细直线段 图 4-65 生成箭头

重复以上操作绘制第二条、第三条细直线段。

（2）生成箭头

生成第四条细直线段时，出现"指定起点宽度＜0.000＞："提示后，输入"60"

出现"指定端点宽度＜0.000＞："提示后，输入"0"，在适当位置单击后生成箭头，如图 4-65 所示。

6. 尺寸标注

（1）线性标注的执行方式：单击"绘图"工具栏中的"标注" ⊢⊢ 按钮或者依次单击菜单 ◣ →标注（N）→ ⊢⊢ **线性(L)** ，或在命令行提示下，输入 DIMLINEAR。

（2）执行线性标注命令的过程如下：命令执行后，在命令栏出现"指定第一条延伸线原点或 ＜选择对象＞：指定点或按 ENTER 键选择要标注的对象"的提示，捕捉左墙第一条踏步投影线的端点作为第一条延伸线原点，单击鼠标左键确定。

选中第一个原点后出现"指定第二条延伸线原点："的提示，捕捉左墙第九条踏步投影线的端点作为第二条延伸线原点，单击鼠标左键确定。

① 选中两条延伸线原点后，出现"指定尺寸线位置或 ［多行文字（M）/文字（T）/角度（A）/水平（H）/垂直（V）/旋转（R）］："的提示。

② 根据所需移动鼠标到适当的尺寸线位置，单击鼠标左键确定，命令完成，如图 4 - 66 所示。

③ 重复线性标注命令的过程，完成楼梯的其他标注并添加轴线符号，最后绘制结果如图 4 - 55 所示。

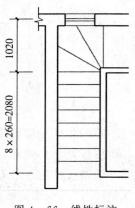

图 4 - 66　线性标注

4.3.2　楼梯立面图

4.3.2.1　图形分析

从图 4 - 67 中看出，楼梯立面图主要由直线、斜线、剖面线等组成，CAD 绘制时用到的绘图命令有：直线、多段线等；用到的编辑命令有：延伸、修剪、复制、移动等；用到的辅助工具有：对象捕捉、正交、实时缩放、图案填充等；绘图时可按图形对象不同设置图层。

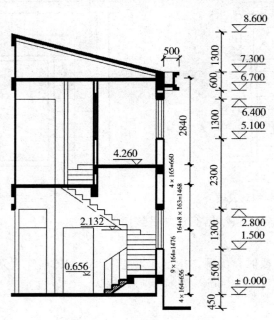

图 4 - 67　楼梯立面图

4.3.2.2　绘图思路

楼梯立面图的绘制可分解为以下步骤：（1）绘制辅助线；（2）绘制踏步线；（3）绘制其他轮廓线；（4）填充材料图列；（5）标注尺寸、文字等内容。最后结果如图 4 - 67 所示。

4.3.2.3　操作步骤

1. 绘制辅助线

（1）建立一个新图层，设置成红色点划线，并将其设为当前层。

（2）根据图中的标高尺寸，执行直线绘制和偏移复制命令，绘出地面线 1、平台线 2、3、4 以及楼面线 5，再根据水平方向的尺寸，绘出 A、B、C 轴线，平台宽度线 6 和 C 轴墙体轮廓线，如图 4 - 68 所示。

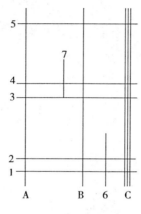

图 4 - 68　绘制辅助线

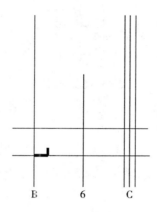

图 4 - 69　绘制踏步线

2. 绘制踏步线

（1）根据踏步高为 164、踏面宽为 260，执行直线命令，绘制一个踏步，如图 4 - 69 所示。

（2）执行复制命令选项，通过端点捕捉，将一组踏步一一复制完成。

（3）执行延伸命令，将最上一级踏面延伸到墙边，形成 1160 mm 宽的平台，如图 4 - 70 所示。

图 4 - 70　复制踏步线并生成平台

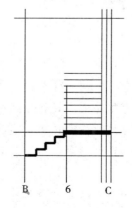

图 4 - 71　阵列踏面线

（4）执行阵列命令，将最上一级踏面线阵列 9 行，行间距为 164mm，结果如图 4 - 71 所示。

（5）重复（2）、（3）、（4）完成所有台阶的立面效果，结果如图 4 - 72 所示。

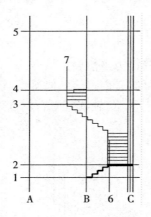

图 4 - 72　生成全部踏面投影线

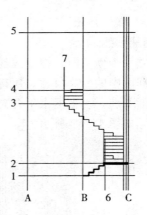

图 4 - 73　修改踏面投影线

（6）利用修剪、正交等命令对个别特殊角度的楼梯踏面投影线做适当的修改和调整，结果如图 4 - 73 所示。

3. 绘制其他轮廓线

（1）执行直线命令，绘制一条斜线，如图 4 - 74 所示。

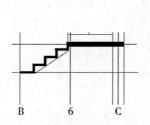

图 4 - 74　绘制斜线

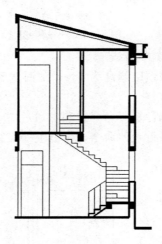

图 4 - 75　完成其他轮廓线

（2）执行偏移复制命令，将斜线向右下复制 100。

（3）执行偏移复制命令，将 1 线向下复制两次，距离分别为 100，形成地面厚度。

（4）执行偏移复制命令，将 2 线向下复制两次，距离分别为 100 及 350，形成平台板厚度平台梁高度。

（5）执行偏移复制命令，将线 4、5 向下复制两次，距离分别为 200 及 350，形成地梁、平台梁的高度，将线 6 向左复制 200，将线 7 向左复制 120，形成墙体厚度。

（6）执行删除命令，将多余辅助线及时删掉。绘制结果如图 4 - 75 所示。

4. 填充材料图列

（1）执行图案填充命令，完成第一梯段楼梯的材料填充图例。

（2）执行直线命令，完成楼梯扶手的绘制，如图 4-76 所示。

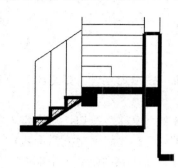

图 4-76　图案填充及扶手的绘制

5. 标注尺寸、添加标高和文字等内容，完成楼梯立面图的绘制，结果如图 4-67 所示。

4.3.3　疑难解答

1. 利用"阵列"命令和"复制"命令完成对楼梯踏面投影的绘制有哪些不同之处呢？

答：当创建多个定间距的对象时，阵列比复制要更准确、快捷、方便。对于矩形阵列，可以控制行和列的数目以及它们之间的距离。对于环形阵列，可以控制对象副本的数目并决定是否旋转副本。

2. 什么是线性标注？

线性标注可以水平、垂直或对齐放置。使用对齐标注时，尺寸线将平行于两尺寸延伸线原点之间的直线（想象或实际）。基线（或平行）和连续（或链）标注是一系列基于线性标注的连续标注。

4.3.4　相关知识

4.3.4.1　阵　列

1. 功能

复制有规律分布的图形对象。

2. 命令输入

●下拉菜单：【修改】/【阵列】

●工具栏：修改→ ▦

●命令：array

3. 操作步骤

（1）单击"绘图"工具栏中的 ▦ 按钮或者依次单击 ▲ →修改（M）→阵列（A），或在命令行提示下，输入 array。

（2）在"阵列"对话框中选择"矩形阵列"。

（3）单击"选择对象"，"阵列"对话框将关闭，程序将提示选择对象。

（4）选择要添加到阵列中的对象并按 ENTER 键。

（5）在"行"和"列"框中，输入阵列中的行数和列数。

（6）使用以下方法之一指定对象间水平和垂直间距（偏移）。

在"行偏移"和"列偏移"框中，输入行间距和列间距，添加加号（＋）或减号（一）确定方向。

单击"拾取行列偏移"按钮，使用定点设备指定阵列中某个单元的相对角点，此单元决定行和列的水平和垂直间距。

单击"拾取行偏移"或"拾取列偏移"按钮，使用定点设备指定水平和垂直间距。

（7）要修改阵列的旋转角度，请在"阵列角度"旁边输入新角度。

（8）默认角度 0 方向设置可以在 UNITS 命令中更改。

（9）单击"确定"执行阵列操作。阵列结果如图 4 - 77 所示。

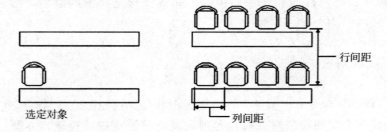

图 4 - 77 矩形阵列

4.3.4.2 尺寸标注

1. 尺寸标注四要素

标注文字、尺寸线、箭头和尺寸；界线，如图 4 - 78 所示。

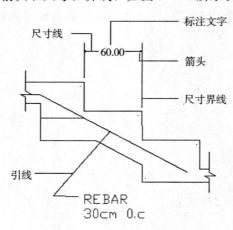

图 4 - 78 尺寸标注四要素

标注文字：是用于指示测量值的字符串，文字还可以包含前缀、后缀和公差。

尺寸线：用于指示标注的方向和范围，对于角度标注，尺寸线是一段圆弧。

箭头：也称起止符号，显示在尺寸线的两端。可以为箭头或标记指定不同的尺寸和形状。

尺寸界线：也称投影线，从部件延伸到尺寸线。

圆心标记：是标记圆或圆弧中心的小十字，如图 4 - 79 所示。

中心线：是标记圆或圆弧中心的虚线。

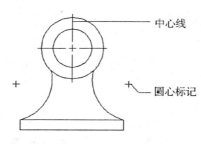

图 4 - 79　圆心标记

2. 尺寸标注的基本类型

标注是向图形中添加测量注释的过程。用户可以为各种对象沿各个方向创建标注，基本的标注类型包括：线性 、径向（半径、直径和折弯、角度 、坐标 、弧长 ）。线性标注可以是水平、垂直、对齐、旋转、基线或连续（链式），图 4 - 80 中列出了几种示例。

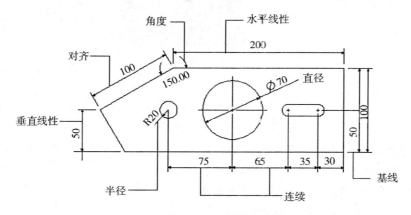

图 4 - 80　基本的标注类型

3. 尺寸标注的关联性与非关联性

标注四要素可以是关联的或非关联的。

（1）关联：缺省情况下，当标注一个尺寸时，该尺寸的所有组成部分将作为一个整体。即尺寸线、尺寸界线、尺寸箭头和尺寸文本不能作为各自独立的实体进行操作，只能选中整个尺寸进行整体处理（如整体移动、拉伸、旋转等）。实际上，每个尺寸都是作为一个块存在的，只是其没有明确的名称而已，当与其关联的几何对象被修改时，关联标注将自动调整其位置、方向和测量值，这种尺寸标注称为关联性标注。

（2）非关联性标注：如果一个尺寸标注的尺寸线、尺寸界线、尺寸箭头和尺寸文本都是单独的实体，即所标注的尺寸各组成元素彼此无关，不具备整体性。无关联标注在其测量的几何对象被修改时不发生改变。这种尺寸标注称为非关联性标注。

（3）已分解的标注：包含的每个对象是独立的，而不是由几个标注对象组成的整体。

4. 创建标注样式

标注样式的创建，尺寸标注是建筑工程图的重要组成部分之一。利用 AutoCAD 的尺寸标注命令，可以根据图中所需，方便快捷地标注各种形式的尺寸。创建标注时，标注将使用当前标注样式中的设置样式。如果要修改标注样式中的设置，则图形中的所有标注将自动使用更新后的样式。用户可以创建与当前标注样式不同的指定标注类型的标注子样式。

（1）启动方式：

● ▲→格式→ ◢ 标注样式。

●单击"标注"工具栏上的 ◢ 按钮。

●在命令行提示下，输入 DIMSTYLE（快速命令 D）回车。

（2）执行命令后，弹出如图 4‑81 所示的"标注样式管理器"对话框。

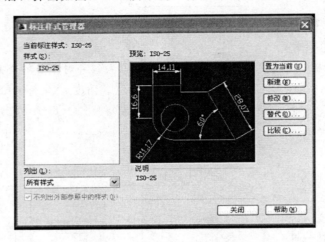

图 4‑81　标注样式管理器对话框

若用户设置某一尺寸标注样式为当前样式时，AutoCAD 则根据此样式设定的各种特征参数进行尺寸标注。

（3）"标注样式管理器"对话框的主要功能：

①样式：显示已定义的标注样式的名称。

②预览：显示当前尺寸标注样式设置各特征参数的最终效果。通过预览框中显示的标注样式，用户可以了解当前尺寸标注类型是否符合所需，从而进行针对性修改。

③置为当前：选择适合的标注样式，点击 置为当前(U) 按钮，使其成为当前使用的标注样式。

④新建：单击 新建(N)... 按钮后，弹出如图 4‑82 所示对话框。

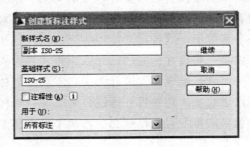

图 4‑82　创建新标注样式对话框

新样式名（N），在此编辑框中输入新的标注样式名称。

基础样式：在此下拉列表框中，选择一个存在的标注样式，新的标注样式将在此基础上，修改不符合需求的部分，从而提高工作效率。

用于：在此下拉列表框中，用户可选择新标注样式的适用类型。

继续：单击 继续 按钮后，弹出如图 4 - 83 所示对话框，用户可为新创建的样式设置相关特征参数。

图 4 - 83　设置标注样式对话框

5. 标注尺寸线与尺寸界线调整

（1）不显示一条或全部尺寸线（如果不需要这些尺寸界线或没有足够的空间）如图 4 - 84 所示。

图 4 - 84　尺寸线的隐藏

（2）不显示一条或全部尺寸界线（如果不需要这些尺寸界线或没有足够的空间）如图 4 - 85 所示。

图 4 - 85　尺寸界线的隐藏

（3）指定尺寸界线超出尺寸线的长度（超出长度）如图 4 - 86 所示。

（4）控制尺寸界线原点偏移长度，即尺寸界线原点和尺寸界线起点之间的距离，如图 4 - 86 所示。

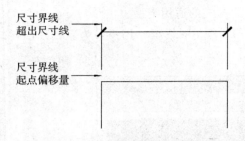

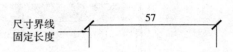

图 4 - 86　尺寸界线的延伸与偏移　　　　　图 4 - 87　尺寸界线的长度

（5）指定尺寸界线的固定长度，即从尺寸界线起点到尺寸线的距离，如图 4 - 87 所示。

（6）指定非连续线型（通常用于中心线）如图 4 - 88 所示。

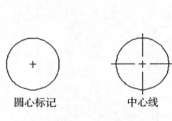

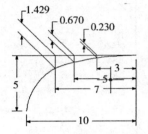

图 4 - 88　圆心标记与中心线　　　　图 4 - 89　修改尺寸界线的角度

（7）修改所选标注的尺寸界线的角度，使之倾斜。如图 4 - 89 所示。

4.3.5　上机作业

1. 查建筑设计规范，绘制如图 4 - 90 所示楼梯立面图。

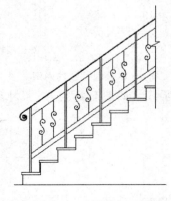

图 4 - 90　楼梯立面图

2. 利用阵列命令绘制如图 4 - 91 所示图形。

环形阵列中：圆桌直径为 1000 mm，椅间距为 30□ mm。

矩形阵列中：长桌行间距为 800 mm，椅间距为 3□0 mm。

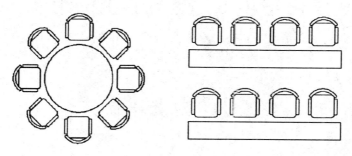

图 4 - 91 圆桌、长桌

4.3.6 思考题

1. 阵列命令可以代替复制命令吗？试比较两者特点。
2. AutoCAD 中包括的尺寸标注类型有那些？
3. 用线性标注命令标注尺寸时，为什么有时只显示标注线而没有标注文字？
4. 如何修改尺寸标注原有的标注样式？

学习情境 5 建筑施工图绘制

任务 5.1 别 墅 平 面 图

【技能目标】

能熟练掌握 AutoCAD2009 和天正建筑 7.5 绘制别墅平面图流程，对以前掌握的技能作全面的复习与巩固，达到熟能生巧、找到快捷灵活的运用 AutoCAD2009 和天正建筑7.5 进行建筑设计的目的，能够绘出符合建筑制图规范的别墅施工平面图。

【知识目标】

全面复习与灵活运用平面图线型线宽设置、文字注写、尺寸标注等相关的建筑制图知识，通过训练运用知识于平面图绘制中，达到从技能训练中巩固已有知识，产生知识拓展，寻求学习新知识的方法。

5.1.1 使用 AutoCAD 绘制别墅平面图

【案例分析】

本任务以一座小别墅方案为工程实例，在了解别墅建筑设计思想基础上，正确识读别墅平面图，把别墅平面图分解为建筑构（配）件，如轴线、墙体、平面门窗、楼梯等，然后运用 AutoCAD2009 和天正 7.5 绘图与编辑命令，达到准确快速绘图的目的。

【绘图思路】

在正确识读别墅平面图基础上，可分解为以下步骤：(1) 设置绘图环境；(2) 绘制轴线；(3) 绘制墙线；(4) 开门窗洞口与插入门窗块；(5) 绘制台阶、散水与内部楼梯；(6) 绘制厨卫设施；(7) 添加文字说明；(8) 尺寸标注；(9) 添加图框并打印输出。最后结果如图 5 - 1 所示。

5.1.1.1 设置绘图环境

创建建筑专业绘图样板文件，可省去很多重复的绘图环境设置内容，大大提高绘图效率。创建样板文件主要内容包括：

1. 设置图幅与单位。根据所绘图形尺寸与比例，确定适度大小的图幅，如本例可采用 A3。当然，可根据需要设置 A0～A4 系列图幅的样板文件。

2. 设置图层。建议绘制平面图设置必要的图层，如图 5 - 2 所示。

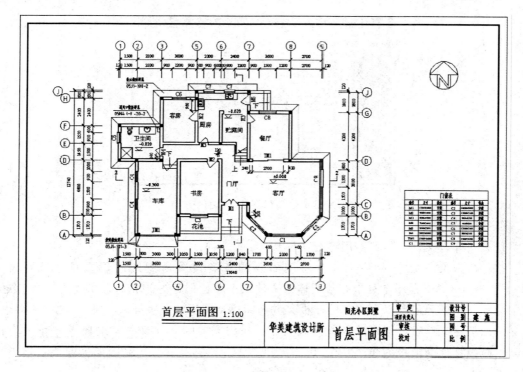

图 5-1 首层平面图绘制结果

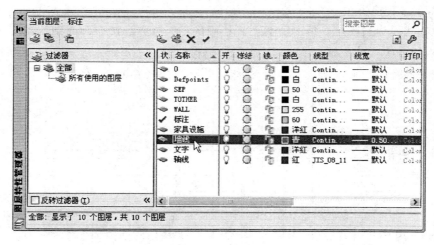

图 5-2 创建图层

3. 设置文字注写与标注使用的文字样式——长仿宋体。

4. 设置平面图标注样式。按建筑制图规范设置各要素。

5. 设置多线样式。可设置 24 墙、37 墙、楼板等。

6. 保存为"A4.dwt"文件,屏幕弹出如图 5-3 所示对话框,命名后确定即可,也可以保存到自己创建的文件夹内。

图 5 - 3 保存 dwt 文件

【疑难解答】

什么叫样板文件？如何使用样板文件？

答：样板文件是符合某个专业绘图需要的各类设置通用的图形文件，扩展名为"dwt"。AutoCAD 程序本身带有若干样板文件供选用，但最好根据自己的专业需要创建。如建筑制图可创建包含以下内容的样板文件：图幅、图层、文字样式、标注样式、多线样式等。当新建文件时，选择以样板方式新建，找到需要的 dwt 文件、选择 打开⑩ ，即可以样板文件为模板创建了一个 dwg 文件。然后，单击 ，在图形另存为对话框中命名后，选定保存位置，单击 保存⑤ 按钮。

5.1.1.2 绘制轴线

1. 设轴线层为当前层，单击绘图工具栏中的 构造线按钮，分别绘制一条水平构造线与垂直构造线。单击修改工具栏中的 偏移按钮，按别墅轴线尺寸偏移轴线，得到图 5 - 4 所示的轴网。

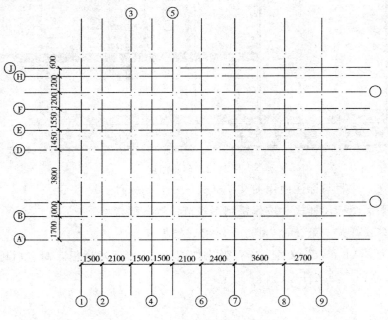

图 5 - 4 绘制轴线

2. 绘制辅助矩形，启动 [图标] 修剪命令，修剪轴线如图 5 - 5 所示。

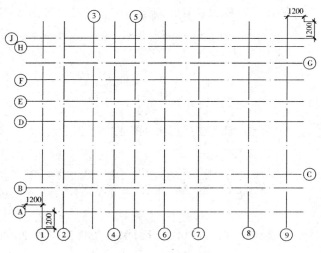

图 5 - 5　剪切轴线

【疑难解答】

1. 为什么轴线无法偏移或偏移后看不见？怎样解决？

答：轴线偏移后，不是无法偏移而是偏移后看不到，因为偏移的轴线已超出了观察范围。解决的方法有两种：一是辅助图形法，绘制一个与轴线偏移尺寸相当的图形，然后在命令行输入 Z、确定，再输入 A、确定；二是图形界线法：绘图环境设置中，设定与所绘制图形相适宜的图幅，然后在命令行输入 Z、确定，再输入 A、确定。

2. 怎样使轴线显示为点划线？

答：首先，确定轴线线型是点划线。第二，线型比例调整到适宜大小，如 1：100 图形，一般线型比例设为 100 即可。

5. 1. 1. 3　绘制墙线

捕捉交点，设墙线层为当前层，使用多线命令在相应位置上绘制墙线并使用多线编辑器进行编辑，绘制结果如图 5 - 6 所示。

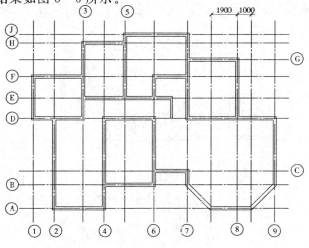

图 5 - 6　绘制墙线

5.1.1.4 开门窗洞口与插入门窗块

1. 使用 ▦ 表格工具，进行相关设置，绘制门窗表。结果如图 5 - 7 所示。

门窗表					
编号	尺寸	做法	编号	尺寸	做法
M1	1200×3000	定做	C2	1800×3900	定做
M2	900×1800	定做	C3	1500×2100	定做
M3	800×1800	定做	C4	900×2500	定做
M4	700×1800	定做	C5	900×900	定做
M5	900×2600	定做	C6	1200×2100	定做
JM1	3000×3000	定做	C7	900×2100	定做
TM1	2700×2600	定做	C8	1500×2100	定做
C1	2100×3900	定做	C9	1500×3900	定做

图 5 - 7 门窗表

2. 按门窗定位线与门窗表，设门窗层为当前层，在相应位置上绘制门窗位置线，结果如图 5 - 8 所示。

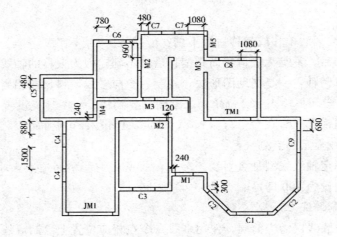

图 5 - 8 绘制门窗位置线

3. 分解墙线，启动 ⊬ 修剪命令，修剪门窗洞口，结果如图 5 - 9 所示。

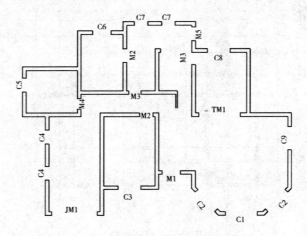

图 5 - 9 修剪门窗洞口

4. 单击绘图工具栏中的 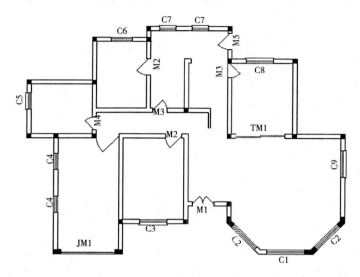 插入块命令，浏览到需要的图块，如门、窗、构造柱等，设定适宜的比例与角度，在相应图层上插入块。使用多线命令绘制曲柱。使用矩形与直线命令绘制推拉门与卷帘门。绘制结果如图 5 - 10 所示。

图 5 - 10　门窗块插入与绘制

【疑难解答】

1. 为何墙线不能修剪？

答：第一，多线不能直接修剪，需要分解后再进行修剪。第二，单独的线段不能修剪，直接删除即可。

2. 曲柱如何绘制？

答：使用多线命令绘制，其参数设置如图 5 - 11 所示。绘制曲柱时，先绘制三条辅助线，得到 1、2、3 三个交点，然后启动多线命令，捕捉交点绘制曲柱，结果如图 5 - 12 所示。

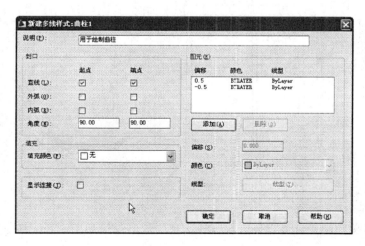

图 5 - 11　曲柱样式设置

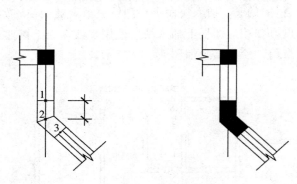

图 5 - 12 曲柱绘制

绘制曲柱命令显示如下：

命令：_ mline

当前设置：对正 = 无，比例 = 240.00，样式 = 曲柱

指定起点或［对正（J）/比例（S）/样式（ST）］：捕捉 1 点

指定下一点：捕捉 2 点

指定下一点或［放弃（U）］：捕捉 3 点，确定。

5.1.1.5 绘制台阶、散水与内部楼梯

使用直线、偏移、阵列等命令，按尺寸绘制台阶、散水与内部楼梯，绘制结果如图 5 - 13所示。

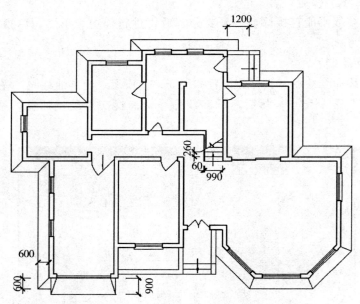

图 5 - 13 绘制台阶、散水与内部楼梯

5.1.1.6 绘制厨卫设施

可按详图直接绘制，也可以插入块方式实现。绘制结果如图 5 - 14 所示。

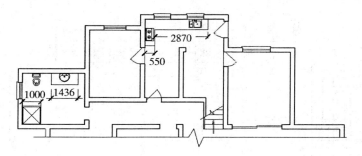

图 5 - 14　绘制厨卫设施

5.1.1.7　添加文字说明

1. 启动单行文字工具，书写各房间名称。

2. 启动单行文字工具，书写各门窗号码、上下行文字。

3. 启动单行文字工具，书写各细部作法。

绘制结果如图 5 - 15 所示。

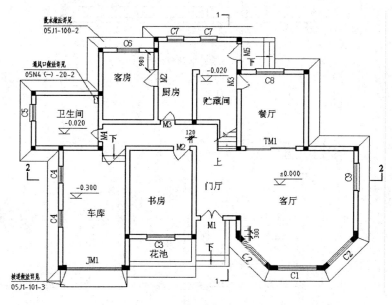

图 5 - 15　添加文字说明

【疑难解答】

添加的文字显示为"?"是什么原因？怎样解决？

答：文字显示为"?"是文字样式不对，重新设置文字样式，一般可以解决。

5.1.1.8　尺寸标注

1. 利用直线命令、偏移命令、启用捕捉辅助绘图工具，运用"捕捉自"功能，定位绘制外部尺寸标注辅助线，结果如图 5 - 16 所示。

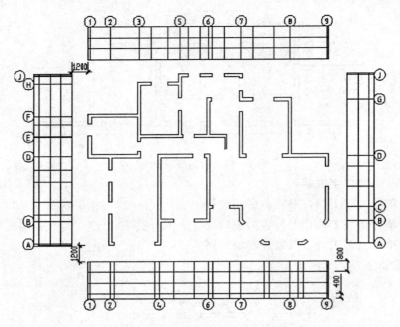

图 5-16 绘制尺寸标注辅助线

2. 在标注层上进行尺寸标注，主要有外部尺寸、内部尺寸、标高注写及添加剖切符号。结果如图 5-17 所示。

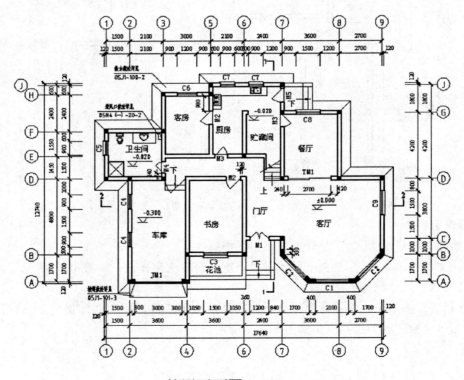

首层平面图 1:100

图 5-17 首层平面图

5.1.1.9   添加图框并打印输出

1. 插入 A3 图框并修改文字内容。

2. 在模型或图纸空间打印输出，详细步骤见任务 5.5。最后结果如图 5-1 所示。

【疑难解答】

插入图框大小怎样确定？

答：首先，要选定适宜的图纸，根据所绘制图形大小与比例选定。其次，按实际图纸扩大比例尺分母的倍数即可。

5.1.2   使用天正建筑绘制别墅平面图

【软件介绍】

天正建筑 TArch 软件是国内最早在 AutoCAD 平台上开发的建筑 CAD 软件之一，目前已具有相当规模，今天的天正软件已发展成为涵盖建筑设计、装修设计、暖通空调、给水排水、建筑电气与建筑结构等多项专业的系列软件，并为房地产开发商提供房产面积计算软件等。

天正首先提出了分布式工具集的建筑 CAD 软件思路，彻底摒弃流程式的工作方式，为用户提供了一系列独立的、智能高效的绘图工具。由于天正采用了由较小的专业绘图工具命令所组成的工具集，所以使用起来非常灵活、可靠，而且在软件运行时不对 AutoCAD 命令的使用功能加以限制。反过来，天正建筑软件只是去弥补 AutoCAD 软件不足的部分，天正软件的主要作用就是使 AutoCAD 由通用绘图软件变成了专业化的建筑 CAD 软件。

【绘图思路】

按照建筑施工图的绘制流程，小别墅方案完成可分解为以下步骤：（1）图形初始化；（2）绘制轴网；（3）绘制墙线；（4）开门窗洞口与插入门窗；（5）插入台阶、散水与内部楼梯；（6）插入厨卫设施；（7）添加文字说明；（8）尺寸标注；（9）添加图框并打印输出。最后结果如图 5-1 所示。

5.1.2.1   图形初始化

1. 双击桌面上的天正图标 ，进入绘图界面，在启动对话框中选择使用样板的图形按钮，如图 5-18，在样板中选择说明为天正建筑模板图的 ACAD 作为样板，新建一个空白图形。

图 5-18   选择样板

2. 进入空白绘图界面后，单击下拉菜单 工具(T) ，在下面的"选项"对话框中选择右边的一个"天正基本设定"选项卡，这时的界面如图 5 - 19 所示，按照本实例具体数值进行修改后单击 确定 结束。

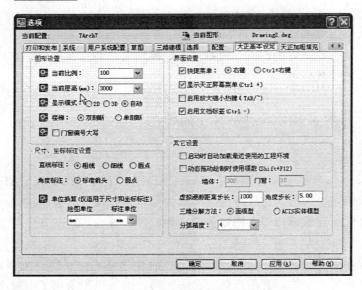

图 5 - 19　绘图界面基本设定

3. 保存文件，步骤同 AutoCAD2009。

5.1.2.2　绘制轴网

1. 点击 ▶ 轴网柱子 ，建立直线轴网。屏幕上会出现"绘制直线轴网"对话框，见图 5 - 20。进入对话框后，可用光标点取或由键盘键入来选择数据生成方式，同时可在对话框左侧的预览区中对轴线进行动态预览。

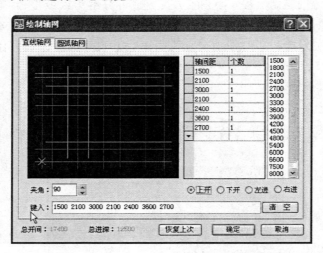

图 5 - 20　输入轴网数据

2. 输入上开、下开、左进、右进尺寸后，点击 确定 ，在屏幕上任意点击，出现如图 5 - 21 轴网。

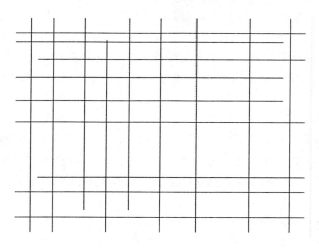

图 5 - 21　生成轴网

3. 点击 ⊞ **两点轴标**，出现图 5 - 22 对话框，用鼠标点取轴线起始和结束端点，完成轴网标注如图 5 - 23。

图 5 - 22　轴网标注对话框

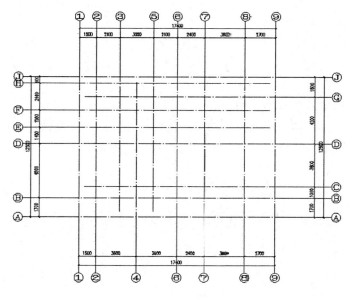

图 5 - 23　轴网标注

【疑难解答】

轴号相距太近，无法清楚标注怎么办？

答：推荐两种解决方法。

其一是利用对象编辑把轴号变小，有时略为变小一点，就可以通过常规的轴号外偏功能解决拥挤问题。

其二是单独引出若干个轴号。操作流程是：首先用对象编辑删除待引出的轴号，注意回答"不重排轴号"；然后用逐点轴标标注待引出的轴号；最后通过夹点把待引出的轴号拉开。

5.1.2.3　绘制墙线

打开已经画好轴网的图形，绘图前应了解要布置的墙体位置和尺寸。点击 **绘制墙体** ，出现如图 5 - 24 对话框，输入墙体左边墙线距轴线宽度和右边墙线距轴线宽度，在已有轴网上用鼠标点击轴网交点确定墙体起点和终点绘制墙体，成果如图 5 - 25。

图 5 - 24　定义墙的尺寸

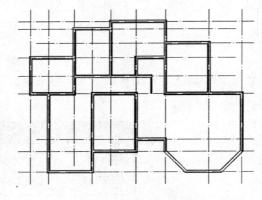

图 5 - 25　绘制墙体

【疑难解答】

墙体的修剪和延伸怎么实现？

答：解决方法是临时把墙体捕捉位置设置为"墙体捕捉基线"（快捷键：F12），再进行操作就可以了。墙体用"单双线"、"单线"状态表示时，可以无障碍地进行修剪和延伸。

5.1.2.4　开门窗洞口与插入门窗

1. 打开绘制好的墙体平面图，绘图前应了解要布置的墙体及门窗的位置及门窗形式。点击 **门窗** ，出现如图 5 - 26 所示对话框，选择门窗形式，如图 5 - 27 定义门窗编号，输入门窗尺寸。

图 5 - 26　输入门窗尺寸

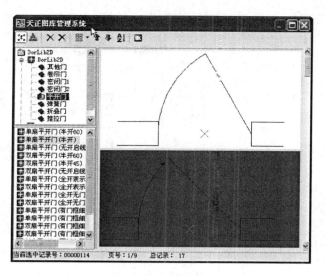

图 5 - 27　选择门窗形式

2．选择插入方式在图中正确位置点击，布置门窗。

在天正建筑软件中，门窗的插入方式有自由插入、沿直墙插入、等分轴线插入、墙段等分插入和垛宽或轴线定距插入等几种。下面以沿直墙顺序插入为例说明厨房的 M2、M3 绘制方法。

命令：T71 _ TOpening（选择 M2 类型和尺寸）

点取墙体＜退出＞：（用鼠标点击要插入门 M2 的墙体）

输入从基点到门窗侧边的距离＜退出＞：960（门 M2 插入墙体如图 5 - 28）

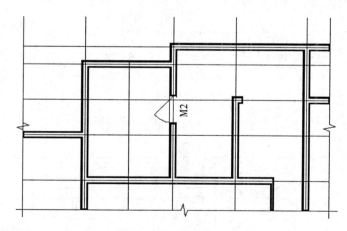

图 5 - 28　插入门 M2

命令：T71 _ TOpening（选择 M3 类型和尺寸）

点取墙体＜退出＞：（用鼠标点击要插入门 M3 的墙体）

输入从基点到门窗侧边的距离＜退出＞：240（门 M3 插入墙体如图 5 - 29）

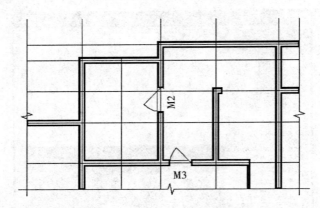

图 5 - 29 插入门 M3

其余门窗的插入如上所述，完成成果如图 5 - 30。

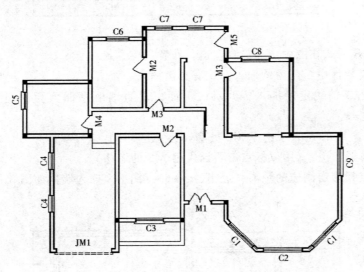

图 5 - 30 插入门窗

3. 点击 门窗表 ，生成首层平面图门窗表。如图 5 - 31。

门窗表

类型	设计编号	洞口尺寸(mm)	数量	图集名称	页次	选用型号	备注
门	TM1	2700X2600	1				
	JM1	3000X3000	1				
	M1	1200X3000	1				
	M2	900X1800	2				
	M3	800X1800	2				
	M4	700X1800	1				
	M5	900X2600	1				
窗	C1	2100X3900	2				
	C2	2100X3900	1				
	C3	1500X2100	1				
	C4	900X2500	2				
	C5	900X900	1				
	C6	1200X2100	1				
	C7	900X2100	2				
	C8	1500X2100	1				
	C9	1500X3900	1				

图 5 - 31 生成门窗表

【疑难解答】

门窗插入时如何定位？

答：对话框下的一排图标是各种不同的定位方式，使用时注意选择合适的定位方式。默认的方式为自由插入，除非把门窗模数（shift＋F12）开启，否则这种方式无法精确定位，只能起到快速的演示效果。注意鼠标的位置和利用单击 shift 键控制门窗的开启方向。

5.1.2.5　插入台阶、散水与内部楼梯

1. 在"楼梯其他"中单击 **直线梯段**，在对话框（如图 5 - 32）中输入案例楼梯尺寸。

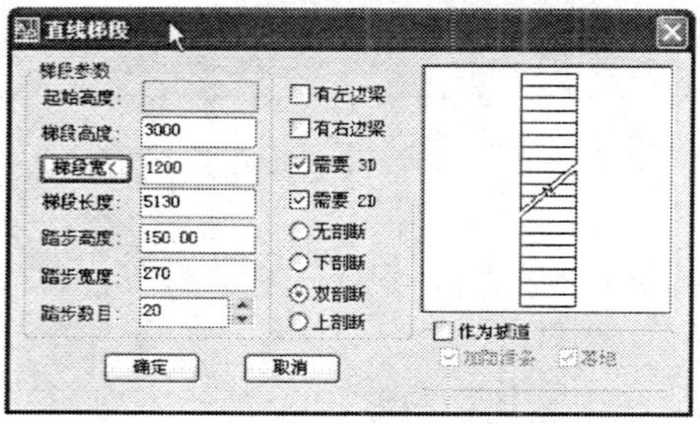

图 5 - 32　输入楼梯尺寸

命令：T71 _ TLStair

点取位置或［转 90 度（A）/左右翻（S）/上下翻（D）/对齐（F）/改转角（R）/改基点（T）］＜退出＞：

（点击楼梯左下角插入点插入楼梯）

完成成果见图 5 - 36。

2. 在"楼梯其他"中单击 **台　阶**，在对话框（如图 5 - 33）中输入 M1、M5 台阶尺寸。

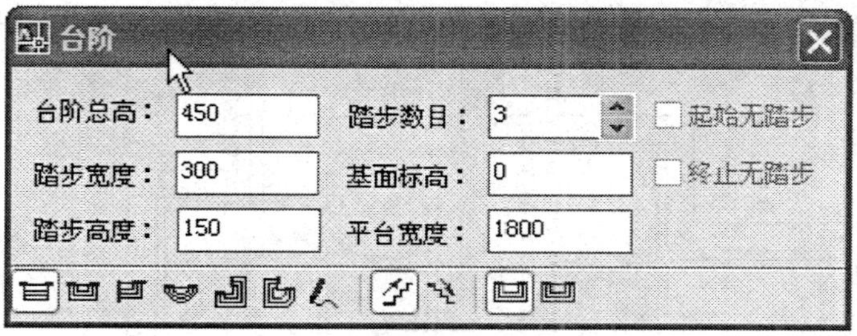

图 5 - 33　输入台阶尺寸

以 M1 台阶为例说明绘制过程如下：

命令：T71 _ TStep

第一点＜退出＞：＜对象捕捉 开＞（点击 1 点）

第二点或［翻转到另一侧（F）］＜取消＞：（点击 2 点，回车，完成台阶插入）

命令：_ line 指定第一点：（点击 2 点）

指定下一点或［放弃（U）］：（点击 3 点，完成台阶边线绘制）

完成成果见图 5 - 36。

3. 在"楼梯其他"中单击 坡 道 ，在对话框（如图 5 - 34）中输入坡道尺寸。

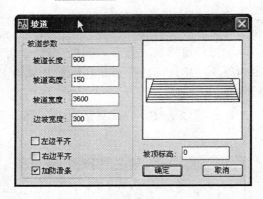

图 5 - 34 输入坡道尺寸

命令：T71 _ TAscent

点取位置或［转 90 度（A）/左右翻（S）/上下翻（D）/对齐（F）/改转角（R）/改基点（T）］＜退出＞：

（点取 M1 中点，回车，插入坡道如图 5 - 36）

4. 在"楼梯其他"中单击 散 水 ，在对话框（如图 5 - 35）中输入散水尺寸。

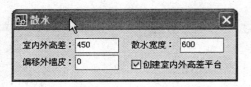

图 5 - 35 输入散水尺寸

命令：T71 _ TOutlna

请选择构成一完整建筑物的所有墙体（或门窗）：（选择所有外墙，回车）

绘制结果如图 5 - 36 所示。

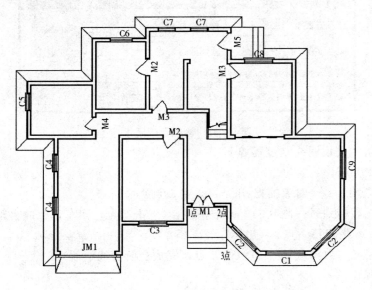

图 5 - 36 绘制台阶、散水与内部楼梯

5.1.2.6 插入厨卫设施

单击"图库图案"中 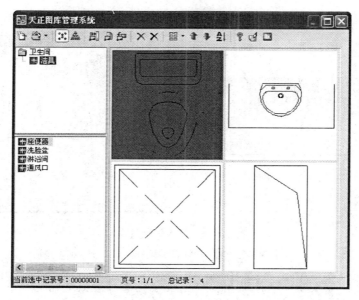 通用图库 ，由图库中选择图块插入平面，如图 5 - 37。

图 5 - 37 选择洁具

以座便器为例：（其他厨卫设施的绘制步骤相同）

命令：T71_tkw（选取图库文件中座便器图块，双击图标）

点取插入点［转 90（A）/左右（S）/上下（D）/对齐（F）/外框（E）/转角（R）/基点（T）/更换（C）］＜退出＞：

（点击插入点，回车）

绘制结果如图 5 - 38 所示。

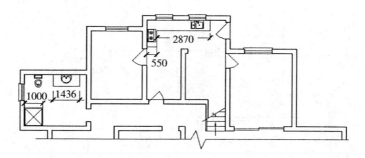

图 5 - 38 绘制厨卫设施

【疑难解答】

1. 天正图库包括哪些内容？

答：天正图库包含一系列 DWG 文件，因此可以放到任何目录下，可利用资源不受限制。天正提供的通用的图库有 Lib2d、Lib3d、Extral、Extra2。Lib2d 是二维的图库，其他的都是三维图库。

2. 为什么我的图库文件中没有这些图块内容？

答：因为安装软件不同，其中的内容可能不同，图库素材可以到天正公司网站下载。

5.1.2.7 添加文字说明

1. 单击"文字表格"中 字 单行文字 ，在字库中选择各房间名称。如图 5 - 39。

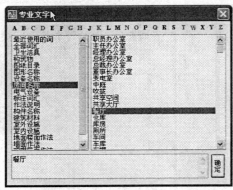

图 5 - 39 插入房间名称

2. 单击"符号标注"中 引出标注 ，标注图集编号。如图 5 - 40。

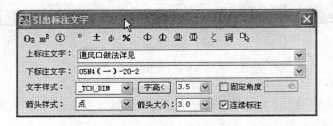

图 5 - 40 工程做法标注

完成成果如图 5 - 41。

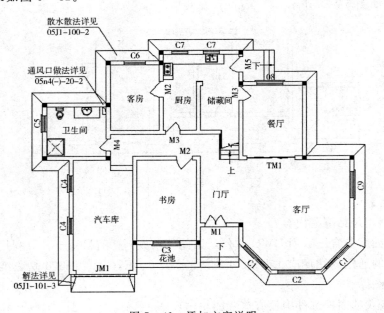

图 5 - 41 添加文字说明

5.1.2.8　尺寸标注

1. 单击"尺寸标注"中 ![逐点标注] ，标注平面图细部尺寸和总尺寸。

命令：T71 _ TDimMP

起点或［参考点（R）］＜退出＞：（点击某方向要标注的第一点）

第二点＜退出＞：（同方向点击要标注的第二点）

请点取尺寸线位置或［更正尺寸线方向（D）］＜退出＞：（点击确定尺寸线位置）

请输入其他标注点或［撤消上一标注点（U）］＜结束＞：（连续点击其他在同一方向的标注位置，回车结束）

2. 单击"符号标注"中 ![标高标注] ，如图 5 - 42。输入标高数值，点选标注方式，标注房间内部地面标高。完成成果如图 5 - 44。

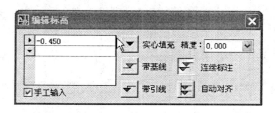

图 5 - 42　输入标高数值

3. 单击 ![剖面剖切] ，为平面图添加 1 - 1 和 2 - 2 剖切符号。

命令：T71 _ TSection

请输入剖切编号＜1＞：（回车）

点取第一个剖切点＜退出＞：（在 4 点点击）

点取第二个剖切点＜退出＞：（在 5 点点击）

点取下一个剖切点＜结束＞：（回车）

点取剖视方向＜当前＞：（鼠标向左移动）

命令：T71 _ TSection

请输入剖切编号＜2＞：（回车）

点取第一个剖切点＜退出＞：（在 6 点点击）

点取第二个剖切点＜退出＞：（在 7 点点击）

点取下一个剖切点＜结束＞：（回车）

点取剖视方向＜当前＞：（鼠标向上移动）

完成成果见图 5 - 44。

4. 单击 ![图名标注] ，如图 5 - 43，在图纸适当位置点击插入。完成成果见图 5 - 44。

图 5 - 43　书写图名

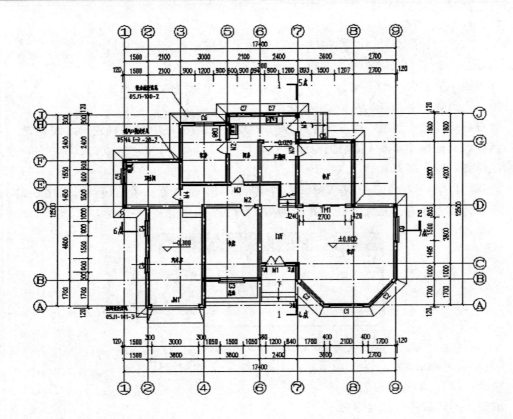

首层平面图 1:100

图 5 - 44　首层平面图

5.1.2.9　添加图框并打印输出

1. 点击 ⬚插入图框，插入 A3 图框如图 5 - 45 并根据工程实际修改文字内容。

图 5 - 45　选择图框

2. 在模型或图纸空间打印输出，详细步骤见任务 5.5。最后结果如图 5-1 所示。

【疑难解答】

天正如何按比例布图？

答：天正软件解决了 AutoCAD 绘图的麻烦，所有的标注类的尺寸都是按照图纸尺寸进行输入，因此不管绘制模型还是标注，都是按照最自然的方式输入尺寸大小：天正对象都有个参数叫对象比例，在绘制模型时，就是按照对象比例把按纸面大小定义的文字自动换算后显示到模型空间。

5.1.3　小　结

通过别墅平面图绘制，提高了学员对建筑平面图识读能力，掌握了运用 AutoCAD 和天正建筑 TArch 软件进行建筑平面图设计的过程。经过反复练习，能够达到熟能生巧、悟出掌握操作技能与学习知识的有效途径，为今后的学习打好基础。

5.1.4　实训作业

请参照图 5-46，分别使用 AutoCAD 和天正建筑绘图软件绘制别墅二层平面图。

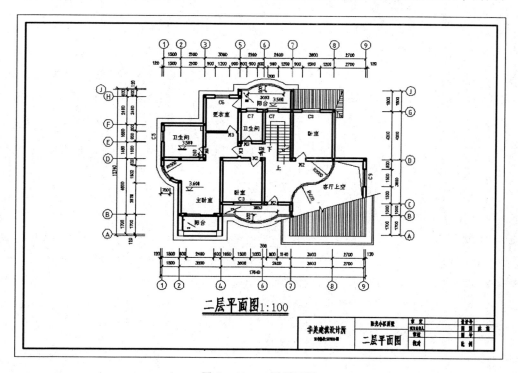

图 5-46　二层平面图

5.1.5 思考题

1. AutoCAD 思考题

(1) 如何创建与使用样板文件?

(2) 使用构造线绘制轴线后,为什么使用偏移命令看不出效果?怎样解决?

(3) 设置多线样式时为什么会出现样式无效?怎样解决?

(4) 简述平面图尺寸标注步骤。

2. 天正建筑 7.5 思考题

(1) 在实际工程中如果存在直线轴网和弧形的组合,在软件里如何实现?

(2) 如何把已有的建筑构件图块添加到图库中?

(3) 在"尺寸标注"中两点标注和逐点标注在操作中有什么区别?

(4) 二维平面图如何转化成三维图形?

任务 5.2　别 墅 立 面 图

【技能目标】

训练对建筑立面图的识读能力，能够运用 AutoCAD 和天正建筑 7.5 绘制出符合建筑制图规范的别墅立面图。

【知识目标】

全面复习与灵活运用立面图线型线宽设置、索引符号注写、尺寸标注等相关的建筑制图知识，训练运用知识于别墅立面图绘制过程中，达到在技能训练中巩固已有知识，产生知识拓展，寻求学习知识的目的。

5.2.1　使用 AutoCAD 绘制别墅立面图

【案例分析】

在读懂建筑平面图基础上，立面图绘制仍以轴线作宽度方向定位，高度用偏移定位线方法，确定地面、楼面、屋顶等位置线。按尺寸绘制各建筑构配件，大部分构配件在前面章节中已绘制，也可使用插入块方式绘图，以提高绘图效率。

【绘图思路】

尽管别墅立面图较为复杂，但它仍有规律可循，结合建筑制图与建筑设计相关专业知识，把立面图分解开来，可按如下思路进行：(1) 设置绘图环境；(2) 建筑物定位；(3) 绘制别墅粗轮廓线；(4) 绘制别墅细轮廓线；(5) 填充瓦与栏杆；(6) 绘制门窗与填充墙面砖；(7) 绘制装饰柱；(8) 尺寸与文字标注；(9) 添加图框并打印输出。最后输出效果如图 5-47 所示。

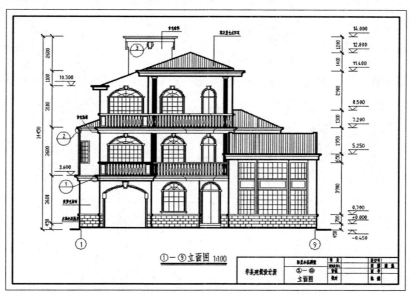

图 5-47　别墅立面图绘制结果

5.2.1.1 设置绘图环境

单击 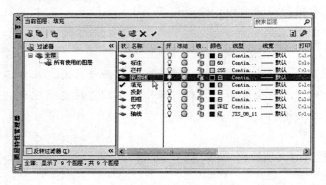 按钮，以 A4.dwt 作样板新建一图形文件，增加绘制立面图必要的图层，图层设置如图 5 - 48 所示。单击 ■ 按钮，在图形另存为对话框中选择位置、命名为"别墅①—⑨立面图"，单击 保存(S) ，绘图环境设置完毕。

图 5 - 48　立面图图层设置

5.2.1.2 建筑物定位

(1) 启动直线命令，在轴线层上绘制纵向轴线，结果如图 5 - 49 所示。

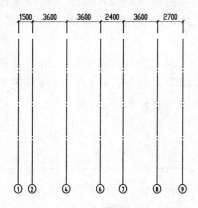

图 5 - 49　绘制纵向轴线

(2) 启动直线命令，在轴线层上绘制各建筑构（配）件横向定位线，结果如图 5 - 50所示。

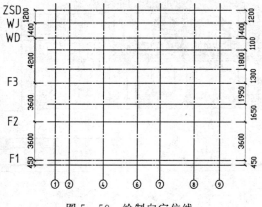

图 5 - 50　绘制向定位线

5.2.1.3　绘制别墅粗轮廓线

灵活运用多段线命令，选用适宜的编辑命令，在墙线层上绘制别墅各外部轮廓线。结果如图 5 - 51 所示。

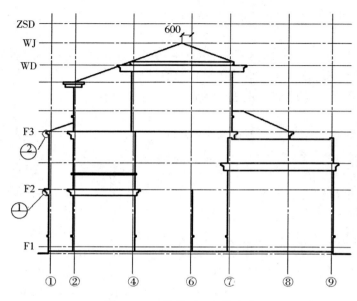

图 5 - 51　绘制别墅粗轮廓线

【疑难解答】

节点 1 的挑檐怎样绘制？

答：使用多段线命令，设置适当的选项，然后再配合适宜的编辑命令绘制。命令行命令显示如下：

命令：_ pline

指定起点：（捕捉起点）

当前线宽为 0.0000

指定下一个点或〔圆弧（A）/半宽（H）/长度（L）/放弃（U）/宽度（W）〕：（追踪第 2 点）

指定下一点或〔圆弧（A）/闭合（C）/半宽（H）/长度（L）/放弃（U）/宽度（W）〕：（追踪第 3 点）

指定下一点或〔圆弧（A）/闭合（C）/半宽（H）/长度（L）/放弃（U）/宽度（W）〕：A

指定圆弧的端点或

〔角度（A）/圆心（CE）/闭合（CL）/方向（D）/半宽（H）/直线（L）/半径（R）/第二个点（S）/放弃（U）/宽度（W）〕：CE

指定圆弧的圆心：（追踪第 3 点向上 100 处）

指定圆弧的端点或〔角度（A）/长度（L）〕：A（指定包含角：- 90）

指定圆弧的端点或

〔角度（A）/圆心（CE）/闭合（CL）/方向（D）/半宽（H）/直线（L）/半径

（R）/第二个点（S）/放弃（U）/宽度（W）]：L

指定下一点或［圆弧（A）/闭合（C）/半宽（H）/长度（L）/放弃（U）/宽度（W）]：（追踪4点）

指定下一点或［圆弧（A）/闭合（C）/半宽（H）/长度（L）/放弃（U）/宽度（W）]：（追踪5点）

指定下一点或［圆弧（A）/闭合（C）/半宽（H）/长度（L）/放弃（U）/宽度（W）]：（追踪6点，确定）。

绘制结果如图5-52所示。同理绘制节点2，结果如图5-53所示。

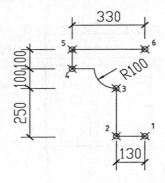

图5-52 绘制节点1

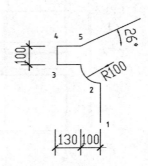

图5-53 绘制节点2

5.2.1.4 绘制别墅细轮廓线

在投影线层上，运用多段线、直线命令，再进行适当编辑后结果如图5-54所示。

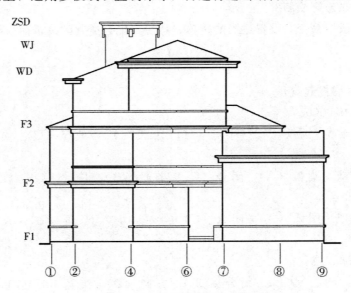

图5-54 绘制别墅细轮廓线

【疑难解答】

装饰顶如何绘制？

答：在投影线层上，运用直线、矩形、弧等绘图命令，对绘制的图形使用恰当的编辑命令编辑。其尺寸与结果如图5-55所示。

178

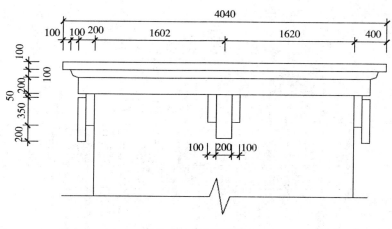

图 5 - 5　装饰顶绘制

5.2.1.5　填充瓦与栏杆

（1）在填充层上，使用填充命令，填充屋顶瓦图例。

（2）在栏杆层上，绘制一个栏杆，然后阵列生成其他栏杆。绘制结果如图 5 - 56 所示。

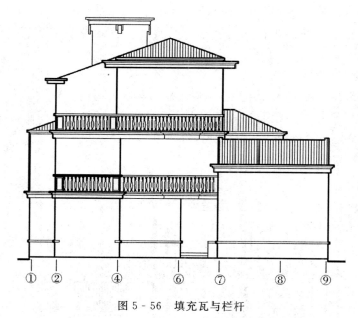

图 5 - 56　填充瓦与栏杆

5.2.1.6　绘制门窗与填充墙面砖

（1）参照平面图与门窗表，灵活运用绘图与编辑命令绘制门窗。

（2）对图层适当控制，填充别墅底部墙面装饰材料。结果如图 5 - 57 所示。

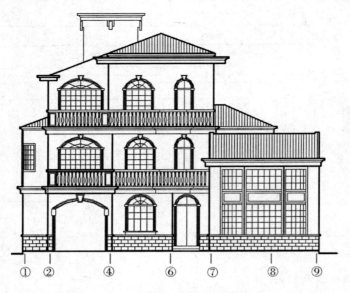

图 5 - 57　门窗绘制与填充墙面砖

【疑难解答】

卷帘门如何绘制？

答：按图 5 - 58 所示尺寸定位弧线位置，画弧后运用偏移命令，生成其他弧线，然后再使用直线矩形、偏移、复制等绘制。

5.2.1.7　绘制装饰柱

置柱层为当前层，在 4 轴三层上绘制装饰柱，然后再运用适当编辑命令生成其他柱。绘制过程注意柱与栏杆的前后关系，运用编辑命令进行适当修改。结果如图 5 - 59 所示。

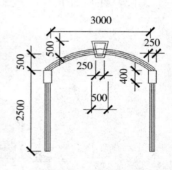

图 5 - 58　绘制卷帘门

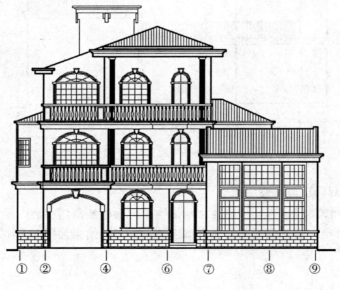

图 5 - 59　绘制装饰柱

【疑难解答】

想了解装饰柱尺寸？

答：装饰柱尺寸见图 5-60 所示。

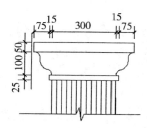

图 5-60　装饰柱柱头尺寸

5.2.1.8　尺寸标注与文字说明

（1）构件尺寸标注：构件尺寸的标注主要在垂直方向上。一般包括建筑物的总高尺寸，层高尺寸，内外高差、门窗洞口高度、垂直方向窗间墙、窗下墙、檐口高度等尺寸。

（2）标高标注：在 0 层上创建带属性的标高块，然后插入到相应图层的对应位置上，根据提示输入相应的标高值即可。

（3）定位轴线：绘制轴线圆及轴号。

（4）索引符号注写。

（5）文字标注。注写墙面装饰材料、图名。

以上绘制结果图 5-61 所示。

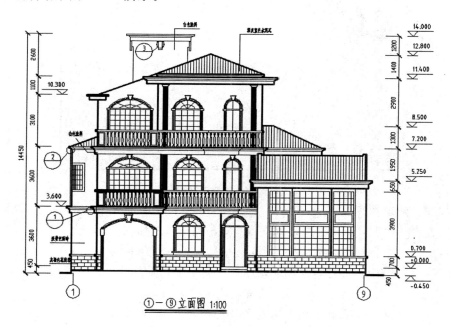

图 5-61　尺寸标注与文字说明

5.2.1.9　添加图框并打印输出

添加 A4 图框，修改文字内容，最后绘制结果如图 5-1 所示。

5.2.2 使用天正建筑绘制别墅立面图

【案例分析】

小别墅建筑立面比较复杂。难点是各房间立面高度的确定、欧式柱子、门窗的插入和坡屋顶檐口的绘制。本案例利用天正软件提供的立面绘制工具引导同学快速而准确地完成工作。

【绘图思路】

首先要正确识读建筑平面图，绘出立面轴线图，在此基础上确定各构件的位置，调用图库里的图块文件插入立面构件，最后进行文字说明和尺寸标注。具体步骤可按如下思路进行：（1）设置绘图环境；（2）建筑物定位；（3）绘制立面构件；（4）尺寸与文字标注；（5）添加图框并打印输出。最后输出效果如图 5-1 所示。

5.2.2.1 设置绘图环境

单击 按钮，选择 ACAD 样板新建一图形文件，如图 5-62。单击 按钮，在图形另存为对话框中，选择位置、命名为"别墅①—⑨立面图"，单击 保存(S) ，绘图环境设置完毕。

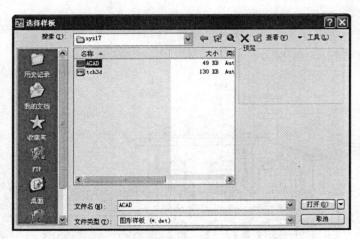

图 5-62 选择模板

5.2.2.2 建筑物定位

1. 单击 工程管理 ，出现楼层表如图 5-63，操作步骤如下：

命令：T71 _ TSelectFloor

选择第一个角点＜取消＞：（选取首层平面图左下角）

另一个角点＜取消＞：（选取首层平面图右上角）

对齐点＜取消＞：（选取 1 轴和 A 轴交点）

输入首层层高 3600

完成首层楼层表设置，按照此步骤设置其他楼层。如图 5-63。

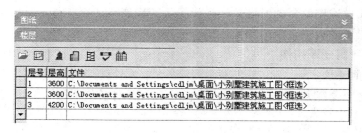

图 5 - 63 首层楼层表设置

2. 单击 <kbd>建筑立面</kbd> ，绘图步骤如下：

命令：T71 _ TBudElev

请输入立面方向或〔正立面（F）/背立面（B）/左立面（L）/右立面（R）〕＜退出＞：F

请选择要出现在立面图上的轴线：（选择 1 轴和 9 轴）

出现对话框如图 5 - 64。

图 5 - 64 立面参数设置

单击 <kbd>生成立面</kbd> ，完成结构如图 5 - 65。

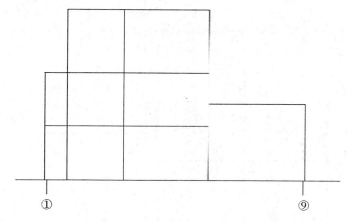

图 5 - 65 立面图初步轮廓线

【疑难解答】

为什么点击 <kbd>生成立面</kbd> 后出现的图形和 5 - 65 不同？

答：因为在设置楼层表的时候，参数设置不正确或平面图文件不是由天正软件生成的都会出现部分图形显示不正确的现象。

5.2.2.3 绘制立面构件

1. 绘制立面屋顶

立面屋顶轮廓绘制方法如下：点击 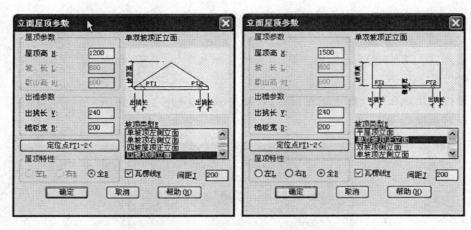 立面屋顶 ，在对话框如图 5 - 66 中输入立面屋顶尺寸。

图 5 - 66 输入屋顶参数

以屋顶 1 为例：

命令：eroof

请点取墙顶角点 PT1 <返回>：（点取 1 点）

请点取墙顶另一角点 PT2 <返回>：（点取 2 点）

完成本次操作，如图 5 - 67 所示。檐口轮廓线画法参阅 5.2.1.5 与 5.2.1.6 部分内容。完成成果如图 5 - 68。

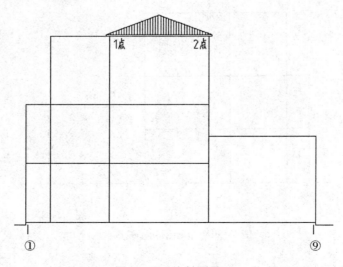

图 5 - 67 绘制屋顶 1

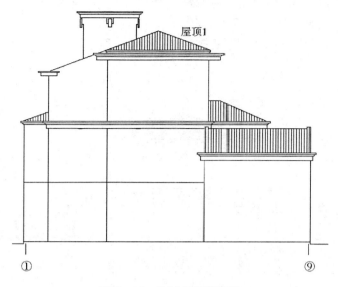

图 5 - 68 绘制立面图屋顶

2. 绘制立面阳台

单击 ▦ 立面阳台 ，出现图库管理系统如图 5 - 69，选择阳台样式。

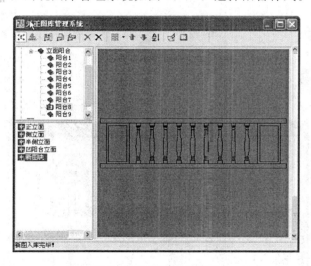

图 5 - 69 选择阳台形式

命令：T71 _ TEBalLib 出现对话框如图 5 - 70，选择比例为 1

图 5 - 70 输入比例

点取插入点［转 90（A）/左右（S）/上下（D）/对齐（F）/外框（E）/转角（R）/基点（T）/更换（C）］＜退出＞：

（在立面图上插入阳台位置点击鼠标左键）

完成成果见图 5 - 71。

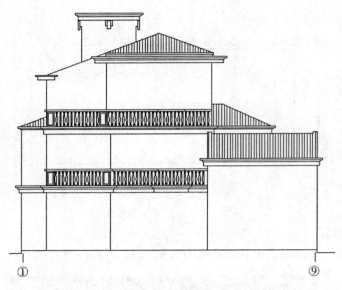

图 5 - 71　插入阳台

3. 绘制立面门窗

单击 立面门窗 ，出现对话框如图 5 - 72，选择门窗样式。

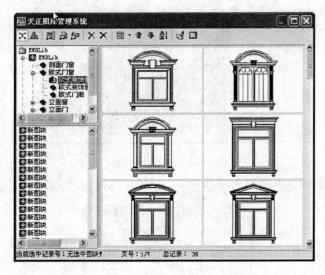

图 5 - 72　选择门窗形式

命令：T71 _ TEWinLib 出现对话框如图 5 - 73，选择比例为 1

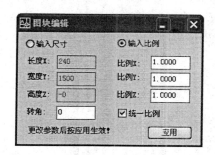

图 5 - 73 输入比例

点取插入点 [转 90（A）/左右（S）/上下（D）/对齐（F）/外框（E）/转角（R）/基点（T）/更换（C）]＜退出＞：

（在立面图上插入门窗位置点击鼠标左键）

完成成果见 11 - 74。

图 5 - 74 插入门窗

4. 绘制柱子

单击 ▉柱立面线 ；

命令：T71 _ ZLMX

输入起始角＜180＞：（回车默认）

输入包含角＜180＞：（回车默认）

输入立面线数目＜12＞：（回车默认）

输入矩形边界的第一个角点＜选择边界＞：（鼠标点击柱子左上角点）

输入矩形边界的第二个角点＜退出＞：（鼠标点击柱子右下角点）

运用 AutoCAD 编辑命令对装饰柱和栏杆重叠部分进行修改。

柱头绘制参见 5.2.1.7 绘制装饰柱，完成成果见图 5 - 75。

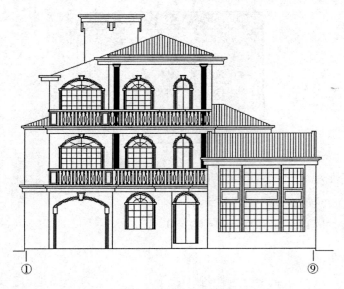

图 5 - 75　绘制柱子

5. 利用 AutoCAD 的绘图命令补充台阶、坡道、勒脚、窗台等零星构件，完成成果如图 5 - 76。

图 5 - 76　绘制台阶、坡道、勒脚、窗台

6. 绘制立面轮廓线

命令：T71 _ TElevOutline

选择二维对象：指定对角点：找到 3543 个（框选绘制的立面图）

选择二维对象：（回车结束）

请输入轮廓线宽度（按模型空间的尺寸）＜50＞：（回车结束）

成功的生成了轮廓线。

完成成果如图 5 - 77。

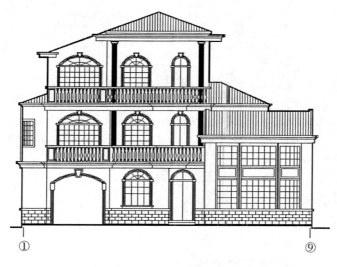

图 5-77　立面轮廓线

5.2.2.4　尺寸标注与文字说明

（1）尺寸标注：单击 逐点标注 ，在竖直方向连续标注各部分高度。

命令：T71_TDimMP

起点或［参考点（R）］＜退出＞：（点击地坪线一点）

第二点＜退出＞：（点击室内地坪线一点）

请点取尺寸线位置或［更正尺寸线方向（D）］＜退出＞：（鼠标点击确定尺寸线位置）

请输入其他标注点或［撤消上一标注点（U）］＜结束＞：（连续点击需要竖向标注的位置）

结束本次操作，其他标注同此。

（2）标高标注：单击 标高标注 ，在对话框图 5-78 中输入相应数值，在图纸适当位置点击，完成标高标注。

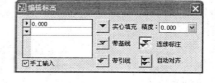

命令：T71_TMElev

请点取标高点或［参考标高（R）］＜退出＞：
（鼠标点击室内地坪高度）

图 5-78　设置标高参数

请点取标高方向＜退出＞：（鼠标移动选择方向）

结束本次操作，其他标注同此。

（3）索引符号注写。单击 索引符号 ，标注详图索引符号。

命令：T71_TIndexDim

请输入被索引的图号（-表示在本图内）＜-＞：（回车）

请输入索引编号＜1＞：（回车）

请点取标注位置＜退出＞：（鼠标点击需标注处确定）

结束本次操作，其他注写同此。

（4）文字标注。

单击 引出标注 ，对话框如图 5-79；

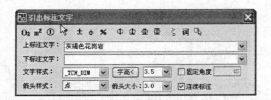

图 5 - 79　标注工程做法

命令：T71 _ TLeader

请给出标注第一点＜退出＞：（在勒脚上点击一下）

输入引线位置或［更改箭头型式（A）］＜退出＞：

点取文字基线位置＜退出＞：

结束本次操作，其他标注同此。

（5）图名标注

单击 ↩ **图名标注** ，对话框如图 5 - 80。

图 5 - 80　标注图名

命令：T71 _ TDrawingName

请点取插入位置＜退出＞：（鼠标在图纸下方居中点击）

结束本次操作

以上绘制结果见图 5 - 81 所示。

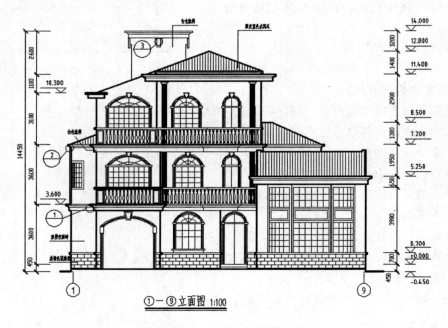

图 5 - 81　正立面图

5.2.2.5 添加图框并打印输出

单击 [插入图框] ，对话框如图 5-82。

命令：T71 _ TTitleFrame

请点取插入位置＜返回＞：（鼠标单击确定）

添加 A3 图框，修改文字内容，最后绘制结果见图 5-1 所示。

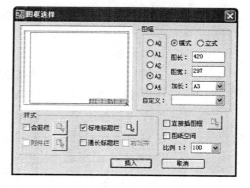

图 5-82 选择图框

5.2.3 小 结

通过对别墅①—⑨立面图绘制，提高了学员对建筑立面图的识读能力，掌握了运用 AutoCAD 和天正建筑 TArch 软件进行建筑立面图设计的过程。经过反复练习，能够达到熟能生巧、悟出掌握操作技能与学习知识的有效途径，总结绘制立面图常用命令，这些命令要求熟练掌握，为今后进一步学习打好基础。要想获得更大进步，还需多加练习。

5.2.4 实训作业

请参照图 5-83，分别使用 AutoCAD 和天正建筑 TArch 软件绘制别墅 A-J 立面图。

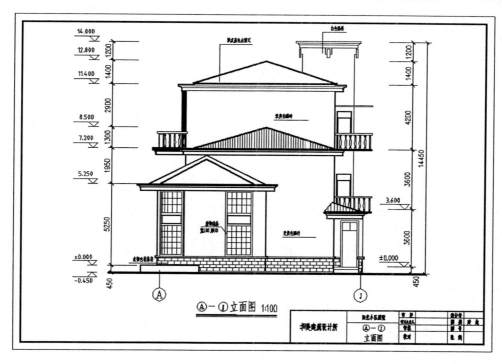

图 5-83 A-J 立面图

5.2.5 思考题

1. AutoCAD 思考题

（1）定义填充边界可以用"拾取点"、"选择对象"两种方法，这两种方法有何区别？

（2）简述属性块如何定义，使用时有哪些注意事项。

（3）标注样式、标注子样式和标注样式替代有何不同？

（4）如何测量不规则的封闭区域面积？

2. 天正建筑 7.5 思考题

（1）在天正软件里立面图的生成有几种方式？

（2）在楼层表设置时应注意哪些问题？

（3）立面构件图块插入图形时比例怎么确定？

（4）如何在天正立面图库中建立新的图块？

任务 5.3　别 墅 剖 面 图

【技能目标】

训练对建筑剖面图的识读能力，能够运用 AutoCAD 和天正建筑 7.5 绘制出符合建筑制图规范的别墅剖面图。

【知识目标】

全面复习与灵活运用剖面图线型线宽设置、尺寸标注等相关的建筑制图知识，通过训练运用知识于别墅剖面图绘制中，达到在技能训练中巩固已有知识，产生知识之间的关联，获得学习新知识的目的。

5.3.1　使用 AutoCAD 绘制别墅剖面图

【案例分析】

在读懂建筑平面图与立面图基础上，剖面图绘制参照定位轴线进行宽度方向定位，参照立面图确定各建筑构配件高度，大部分构配件在前面章节中已绘制，可使用插入块方式绘图，以提高绘图效率。

【绘图思路】

在确定好剖切位置，分析清剖面图上各位置的建筑构（配）件的种类与相互关系基础上，可按以下思路绘制：（1）设置绘图环境；（2）绘制定位线；（3）绘制纵向构件；（4）绘制横向构件；（5）绘制柱和梁；（6）修剪窗洞、插入门窗块；（7）绘制楼梯、护栏与细部处理（8）尺寸与文字标注；（9）添加图框并打印输出。最后绘图结果如图 5 - 84 所示。

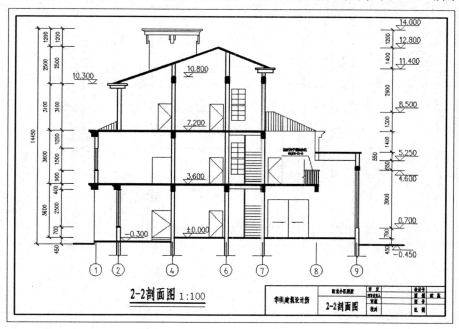

图 5 - 84　别墅 2 - 2 剖面图绘制结果

5.3.1.1　设置绘图环境

单击 ⬜ 按钮，以 A4. dwt 作样板新建一图形文件，增加绘制剖面图必要的图层，图层设置如图 5 - 85 所示。单击 💾 按钮，在图形另存为对话框中，选择位置、命名为"别墅 2—2 剖面图"，单击　保存(S)　，绘图环境设置完毕。

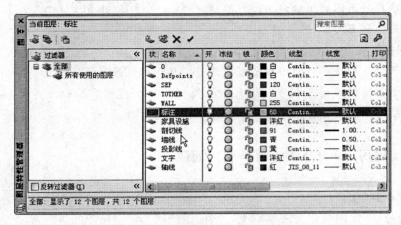

图 5 - 85　剖面图绘制图层设置

5.3.1.2　绘制定位线

（1）按平面图各轴线关系绘制各纵向轴线，并临时标好轴号。

（2）参照别墅立面图，绘制各主要横向构件高度位置参考线，如楼面线、屋顶线、装饰顶线等，并临时作好标记。

（3）对各横向位置线进行临时标注与标高注写，帮助以后绘图过程中判别各构件间的关系。绘制结果如图 5 - 86 所示。

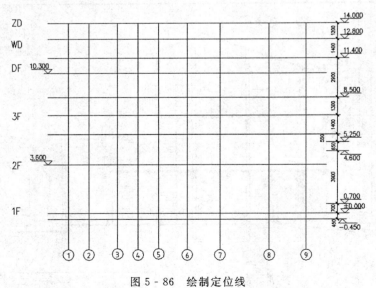

图 5 - 86　绘制定位线

5.3.1.3　绘制纵向构件

（1）置墙线层为当前层，启用多线命令，设置适宜参数选项，绘制各剖切到的墙体。

（2）使用直线、多段线命令在投影线层上绘制未剖到的墙体。绘制结果如图 5 - 87 所示。

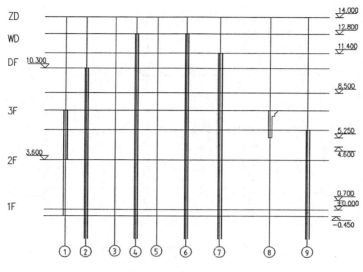

图 5 - 87　绘制纵向构件

5.3.1.4　绘制横向构件

（1）在地坪层上使用直线命令绘制室内外地坪线。

（2）在楼板层上参照平面图与立面图，使用多线命令绘制剖切到的楼板、屋面板。

（3）在投影线层上参照平面图与立面图，绘制各未剖到的构件。绘制结果如图 5 - 88 所示。

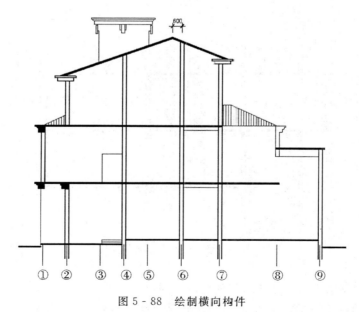

图 5 - 88　绘制横向构件

5.3.1.5　绘制柱和梁

在柱层上绘制剖切到与未剖切到的梁。结果如图 5 - 89 所示。

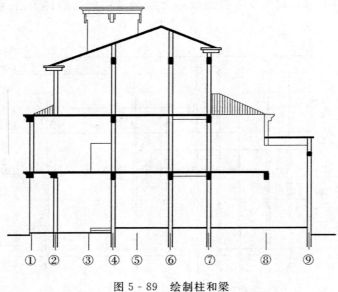

图 5 - 89 绘制柱和梁

5.3.1.6　修剪窗洞、插入门窗块

（1）分解墙线，参照立面图在相应位置剪切窗洞。

（2）插入门窗块。结果如图 5 - 90 所示。

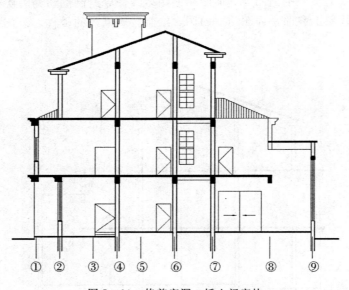

图 5 - 90　修剪窗洞、插入门窗块

5.3.1.7　绘制楼梯、护栏与细部处理

（1）根据楼梯宽度与踢面高度在楼梯间绘制楼梯。

（2）按护栏构造，绘制护栏。

（3）添加墙体截断线。结果如图 5 - 91 所示。

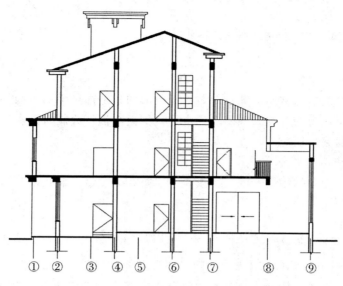

图 5 - 91　绘制楼梯、护栏与细部处理

5.3.1.8　尺寸与文字标注

按建筑制图规范要求进行尺寸标注、标高注写与构件作法说明。主要内容有：横向构件的位置关系、别墅总高度、各主要位置的标高及护栏作法说明等。结果如图 5 - 92 所示。

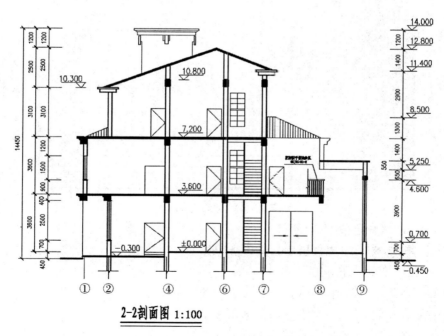

2-2剖面图 1:100

图 5 - 92　尺寸与文字标注

5.3.1.9　添加图框并打印输出

插入 A4 图框并根据命令行提示，输入正确的文字内容，打印输出。结果如图 5 - 83 所示。

5.3.2　使用天正建筑绘制别墅剖面图

【案例分析】

在读懂建筑平面图与立面图基础上，天正剖面图形是通过平面图构件中的三维信息在指定剖切位置消隐获得的纯粹二维图形。本案例剖面图构件绘制时刻参考立面图构件的竖向尺寸，绘图速度会加快。

【绘图思路】

剖面图延用立面图的绘制步骤，可按以下思路绘制：（1）设置绘图环境；（2）建筑物定位；（3）绘制剖面构件；（4）尺寸与文字标注；（5）添加图框并打印输出。最后绘图结果如图 5-83 所示。

5.3.2.1　设置绘图环境

单击 按钮，选择 ACAD 样板新建一图形文件，如图 5-93。单击 按钮，在图形另存为对话框中，选择位置、命名为"别墅 2-2 剖面图"，单击 保存(S) ，绘图环境设置完毕。

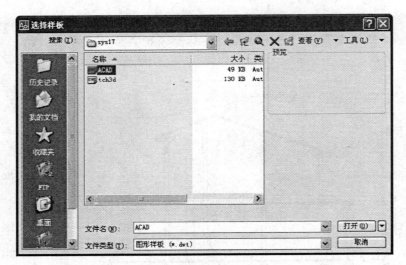

图 5-93　选择模板

5.3.2.2　建筑物定位

1. 单击 工程管理 ，出现楼层表，操作步骤如下：

命令：T71 _ TSelectFloor

选择第一个角点＜取消＞：（选取首层平面图左下角）

另一个角点＜取消＞：（选取首层平面图右上角）

对齐点＜取消＞：（选取 1 轴和 A 轴交点）

输入首层层高 3600

完成首层楼层表设置，按照此步骤设置其他楼层。如图 5-94。

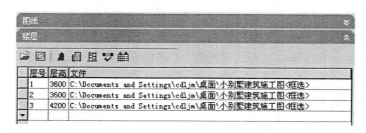

图 5 - 94　设置楼层表

2. 单击 🔲 建筑剖面 。

命令：T71 _ TBudSect

请选择一剖切线：（选择 2 - 2 剖切线）

请选择要出现在剖面图上的轴线（回车）

在"剖面生成设置"中输入参数，如图 5 - 95。

单击 生成剖面 完成成果如图 5 - 96。

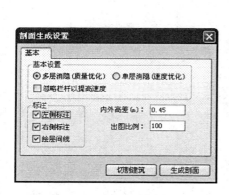

图 5 - 95　设置剖面参数

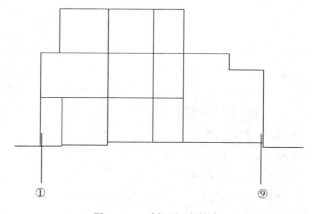

图 5 - 96　剖面初步轮廓

【疑难解答】

为什么点击 🔲 门 窗 表 后出现的图形和图 5 - 96 不同？

答：因为在设置楼层表的时候，参数设置不正确或平面图文件不是由天正软件生成都会出现部分图形显示不正确的现象。

5. 3. 2. 3　绘制剖面构件

1. 绘制剖面墙体

单击 🔲 画剖面墙 。

命令：sdwall

请点取墙的起点（圆弧墙宜逆时针绘制）［取参照点（F）单段（D）］＜退出＞：（点击起点）

墙厚当前值：左墙 120，右墙 240。（回车）

请点取直墙的下一点［弧墙（A）/墙厚（W）/取参照点（F）/回退（U）］＜结束＞：w（回车）

请输入左墙厚＜120＞：120

请输入右墙厚 ＜240＞：120

墙厚当前值：左墙 120，右墙 120。

请点取墙的起点（圆弧墙宜逆时针绘制）[取参照点（F）单段（D)]＜退出＞：（点击起点）

请点取直墙的下一点 [弧墙（A)/墙厚（W）/取参照点（F）/回退（U)]＜结束＞（点击终点）

完成成果如图 5 - 97。

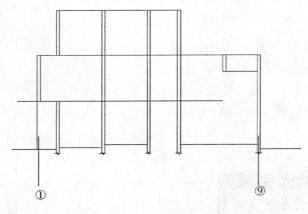

图 5 - 97　绘制剖面墙体

2. 绘制剖面楼板

单击 ▬ 双线楼板 。

命令：sdfloor

请输入楼板的起始点 ＜退出＞：（点击楼板起点）

结束点 ＜退出＞：（点击楼板终点）

楼板顶面标高 ＜77253＞：（回车）

楼板的厚度（向上加厚输负值)＜200＞：100（回车）

结束本次操作，剖面楼板完成成果如图 5 - 98。

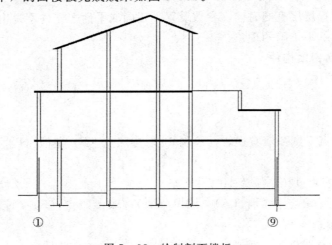

图 5 - 98　绘制剖面楼板

3．绘制剖断梁

单击 ▌加剖断梁 。

命令：sbeam

请输入剖面梁的参照点 ＜退出＞：（点击墙上插入梁位置）

梁左侧到参照点的距离 ＜100＞：0（回车）

梁右侧到参照点的距离 ＜100＞：240（回车）

梁底边到参照点的距离 ＜300＞：（回车）

结束本次操作，其他剖面梁绘制同此步骤，剖断梁完成成果如图 5 - 99。

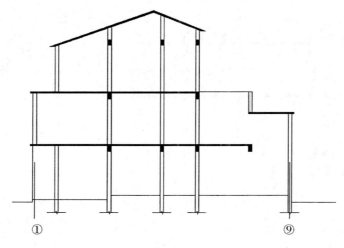

图 5 - 99　绘制剖断梁

4．绘制剖面门窗

单击 ▥ 剖面门窗 ，出现图库管理系统如图 5 - 100，选择剖面门窗形式。

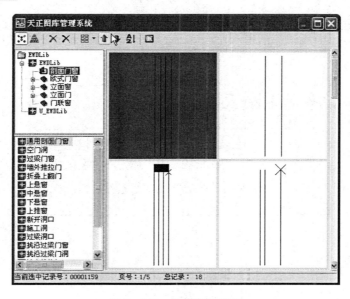

图 5 - 100　选择剖面门窗

命令：T71 _ TSectWin

请点取剖面墙线下端或［选择剖面门窗样式（S）/替换剖面门窗（R）/改窗台高（E）/改窗高（H）］＜退出＞：（点取墙体下端一点）

门窗下口到墙下端距离＜900＞：

门窗的高度＜1500＞：

结束本次操作，剖面门窗绘制成果如图 5 - 101。

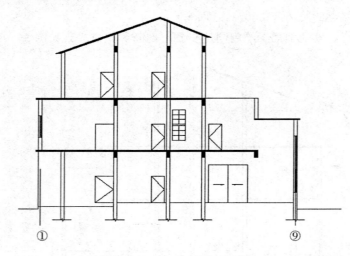

图 5 - 101　绘制剖面门窗

5. 绘制剖面檐口

单击 ⌐剖面檐口 。在对话框输入数据，完成檐口设计。成果如图 5 - 102。

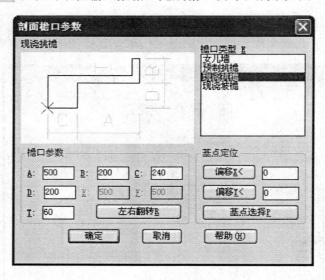

图 5 - 102　输入檐口参数

命令：sroof

请给出剖面檐口的插入点 ＜退出＞：（在插入处单击）

运用 AutoCAD 命令修改檐口细部，剖面檐口完成成果如图 5 - 103。

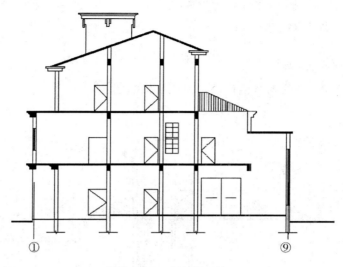

图 5 - 103　绘制剖面檐口

6. 绘制楼梯、护栏与细部处理

单击 　构件立面

命令：T71 _ TObjElev

请输入立面方向或［正立面（F）/背立面（B）/左立面（L）/右立面（R）/顶视图（T）］＜退出＞：F

请选择要生成立面的建筑构件：找到 1 个（点取楼梯平面图）

请点取放置位置：（点击楼梯立面位置）

完成楼梯立面绘制。

单击 　立面阳台 ，出现图库管理系统如图 5 - 104，选择栏杆形式。

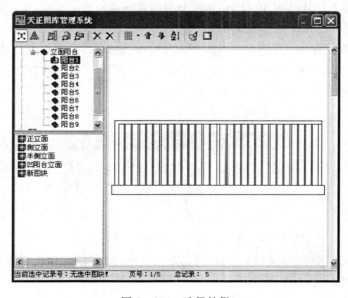

图 5 - 104　选择护栏

命令：T71 _ TEBalLib

点取插入点 ［转 90（A）/左右（S）/上下（D）/对齐（F）/外框（E）/转角（R）/基点（T）/更换（C）］＜退出＞:

（点击栏杆插入点）

回车完成栏杆立面绘制。

运用 AutoCAD 命令绘制其他构件，完成成果如图 5 - 105。

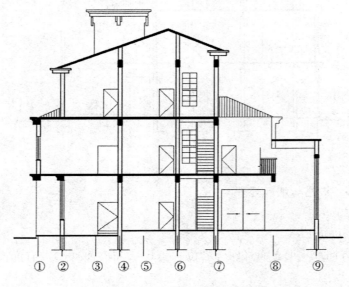

图 5 - 105 绘制楼梯、护栏

5.3.2.4 尺寸与文字标注

（1）尺寸标注：单击 逐点标注 ，在竖直方向连续标注各部分高度。

命令：T71 _ TDimMP

起点或 ［参考点（R）］＜退出＞:（点击地坪线一点）

第二点＜退出＞:（点击室内地坪线一点）

请点取尺寸线位置或 ［更正尺寸线方向（D）］＜退出＞:（鼠标点击确定尺寸线位置）

请输入其他标注点或 ［撤消上一标注点（U）］＜结束＞:（连续点击需要竖向标注的位置）

结束本次操作，其他标注同此。

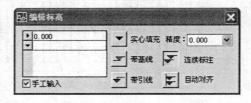

图 5 - 106 设置标高参数

（2）标高标注：单击 标高标注 ，在对话框图 5 - 106 中输入相应数值，在图纸适当位置点击，完成标高标注。

命令：T71 _ TMElev

请点取标高点或 ［参考标高（R）］＜退出＞:（鼠标点击室内地坪高度）

请点取标高方向＜退出＞：（鼠标移动选择方向）

结束本次操作，其他标注同此。

（3）文字标注。

单击 引出标注 ，如图 5 - 107。

图 5 - 107　输入工程做法　　　　图 5 - 108　输入图名名称

命令：T71 _ TLeader

请给出标注第一点＜退出＞：（在勒脚上点击一下）

输入引线位置或［更改箭头型式（A）］＜退出＞：

点取文字基线位置＜退出＞：

结束本次操作，其他标注同此。

（4）图名标注

单击 图名标注 ，如图 5 - 108。

命令：T71 _ TDrawingName

请点取插入位置＜退出＞：（鼠标在图纸下方居中点击）

结束本次操作。

以上绘制结果见图 5 - 109 所示。

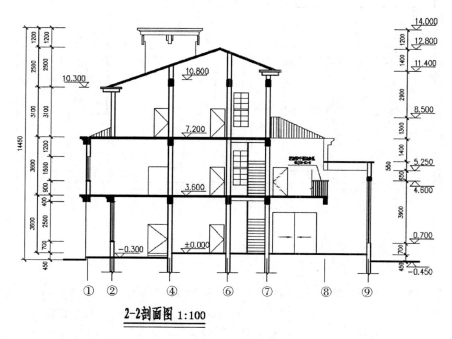

图 5 - 109　尺寸与文字标注

5.3.2.5 添加图框并打印输出

单击 ⊡ 插入图框 ，如图 5 - 110。

图 5 - 110 选择图框

命令：T71 _ TTitleFrame

请点取插入位置＜返回＞：（鼠标单击确定）

添加 A3 图框，修改文字内容，最后绘制结果见图 5 - 111 所示。

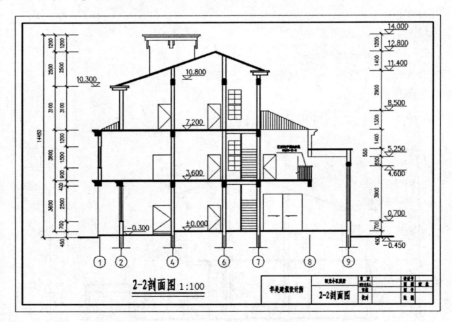

图 5 - 111 别墅 2 - 2 剖面图绘制结果

5.3.3 小 结

通过别墅 2 - 2 剖面图绘制，提高了学员对建筑剖面图的识读能力，掌握了运用 AutoCAD 和天正建筑 TArch 软件进行建筑剖面图设计的过程。经过反复练习，体现了"做中学"教学模式的优越性，体验到熟能生巧的愉悦心情，直至悟出掌握操作技能与学习知识的有效途径，为今后进一步学习打好基础。

5.3.4　实训作业

请参照图 5 - 112，分别使用 AutoCAD 和天正建筑 TArch 软件绘制别墅 2 - 2 剖面图。

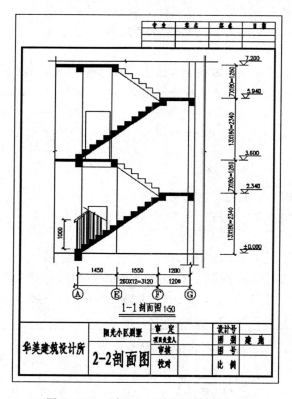

图 5 - 112　别墅 2 - 2 剖面图绘制结果

5.3.5　思考题

1. AutoCAD 思考题

(1) 已经用 ROMANS 字体写入了一段多行文字：但它应该是斜体的，怎样改正？

(2) 修改对象特性有哪些方法？哪种方法最可取？为什么？

(3) 由 "0" 图层上对象定义的块与其他图层上对象定义的块有何区别？

(4) 剖面图中线宽一般如何确定？

2. 天正建筑 7.5 思考题

(1) "构件剖面" 命令如何使用？

(2) 坡屋顶斜楼板如何绘制？

(3) 楼梯剖面图如何绘制？

(4) 剖面填充命令如何使用？

任务 5.4 别墅详图

【技能目标】

训练学员对建筑详图的识读与表达能力，能够把详图与平、立、剖面图联系起来，运用 AutoCAD 和天正软件绘制出符合建筑制图规范的别墅详图。

【知识目标】

全面复习与灵活运用建筑详图的表达方法，通过训练运用知识于别墅详图绘制中，达到从技能训练中巩固已有知识，产生知识之间的关联，获得学习新知识的方法。

5.4.1 使用 AutoCAD 绘制别墅详图

【案例分析】

在读懂建筑平面图、立面图与剖面图基础上，对部分节点详图分解绘制。先绘制外部轮廓，再填充材料图例，最后进行尺寸与文字标注。

【绘图思路】

详图绘制关键要弄清节点的细部构造与图例，本例以节点 1 为例进行分解后绘制。(1) 设置绘图环境；(2) 绘制墙线；(3) 绘制装饰线；(4) 编辑细部；(5) 绘制瓦与填充材料图例；(6) 尺寸与文字标注；(7) 添加图框并打印输出。最后结果如图 5 - 113 所示。

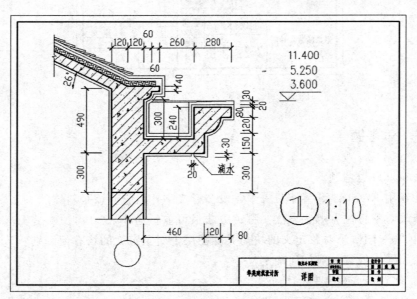

图 5 - 113 别墅详图绘制结果

5.4.1.1 设置绘图环境

单击 按钮，以 A4. dwt 作样板新建一图形文件，新建详图必要的图层，图层设置如图 5 - 114 所示。单击 按钮，在图形另存为对话框中，选择位置、命名为"别墅详图"，单击 保存(S) 即可。

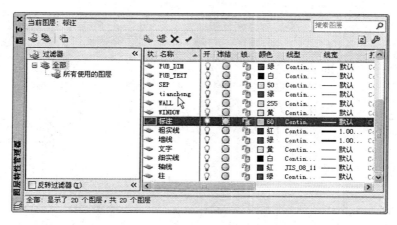

图 5 - 114　详图图层设置

5.4.1.2　绘制墙线

按图 5 - 115 所给尺寸，在墙线层上使用多段线命令，进行相关设置绘制墙线。

5.4.1.3　绘制装饰线

单击 🔲 按钮，设置距离为 20mm，选择墙线偏移，然后，把偏移后的线移动到装饰线层上，结果如图 5 - 116 所示。

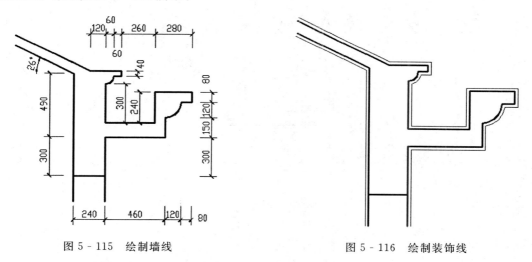

图 5 - 115　绘制墙线　　　　　　　　　　图 5 - 116　绘制装饰线

5.4.1.4　编辑细部

节点 1 中的细部构造，如滴水、保温层及挑檐斜坡等，灵活运用夹点编辑、偏移 🔲 、移动 ✛ 、打断 🔲 等命令按所给尺寸进行编辑，结果如图 5 - 117 所示。

5.4.1.5　绘制瓦与填充材料图例

（1）绘制铺瓦模型，使用复制 🔲 或阵列 🔲 命令，进行编辑。

（2）启动 🔲 图案填充命令，在指定区域填充保温材料（AR - HBONE）、砖（LINE）钢筋混凝土（LINE ＋AR - CONC）。绘制效果如图 5 - 118 所示。

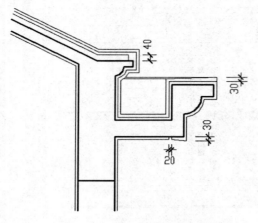
图 5 - 117　编辑细部

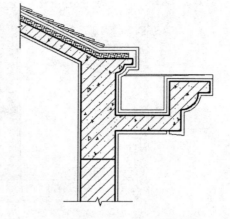
图 5 - 118　绘制瓦与填充材料图例

5.4.1.6　尺寸与文字标注

（1）在标注层上，使用尺寸标注相关命令进行尺寸标注。

（2）注写标高文字。

（3）书写图名。绘制结果如图 5 - 119 所示。

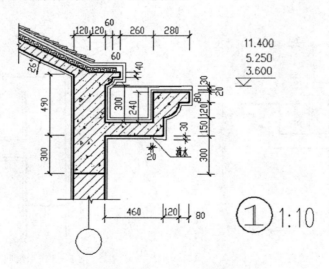
图 5 - 119　尺寸与文字标注

5.4.1.7　添加图框打印输出

本例添加 A4 图框，以适当方式打印，结果如图 5 - 113 所示。

5.4.2　使用天正建筑绘制别墅详图

【案例分析】

完成别墅工程平面图、立面图和剖面图的绘制工作后，对檐口进行详图绘制。经过分析可以看出复杂造型是由几个基本檐口形式组合而成，绘图工作也是先调入两个图库文件，然后经过组合和修改，加上标注和文字，完成绘制任务。

【绘图思路】

详图以在原有图库文件上修改为主要绘制方式，本例以节点1为例进行分解后绘制。(1) 设置绘图环境；(2) 调用图库文件；(3) 局部修改；(4) 尺寸与文字标注；(5) 添加图框并打印输出。最后结果如图5-1所示。

5.4.2.1　设置绘图环境

单击 ▯ 按钮，选择ACAD样板新建一图形文件，如图5-120。单击 ▯ 按钮，在图形另存为对话框中，选择位置、命名为"别墅详图"，单击　保存(S)　，绘图环境设置完毕。

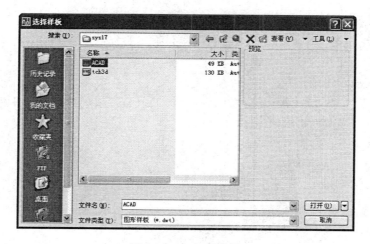

图5-209　选择模板

5.4.2.2　调用图库文件

单击 ▯ 通用图库 ，出现天正图库管理系统如图5-121，点击确定，在图5-122中输入比例。

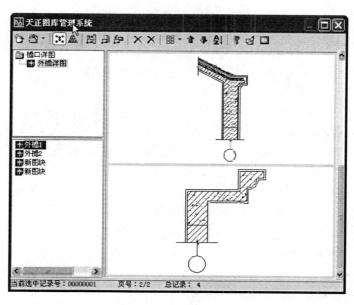

图5-121　调用图库文件

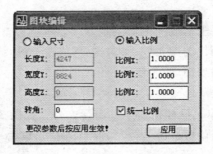

图 5 - 122 输入比例

命令：T71 _ tkw（在出现的对话框中输入参数）

点取插入点 ［转 90（A）/左右（S）/上下（D）/对齐（F）/外框（E）/转角（R）/基点（T）/更换（C）］＜退出＞：

（在绘图区域点击确定）

点取插入点 ［转 90（A）/左右（S）/上下（D）/对齐（F）/外框（E）/转角（R）/基点（T）/更换（C）］＜退出＞：

（在绘图区域点击确定）

结束本次操作，成果如图 5 - 123。

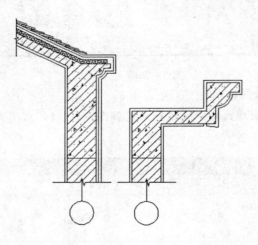

图 5 - 123 插入图块

5.4.2.3 局部修改

在绘图区域对两个图块进行组合。主要运用 AutoCAD 的修改菜单里的命令进行操作如下。

命令：_ explode

选择对象：找到 1 个（点击其中一个图块）

选择对象：找到 1 个，总计 2 个（点击另外一个图块）

回车，结束炸开命令操作；

命令：_ move

选择对象：指定对角点：找到 1 个（框选右边图块）

指定基点或 ［位移（D）］＜位移＞：＜对象捕捉 开＞ 指定第二个点或 ＜使用第一个

点作为位移＞：（捕捉图块左下角点）

　　结束移动命令操作，如图 5 - 124。

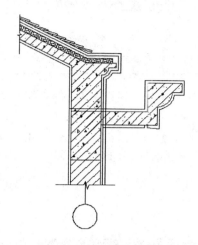

图 5 - 124　合并图块

利用 AutoCAD 命令对图形进行修改，完成成果如图 5 - 125。

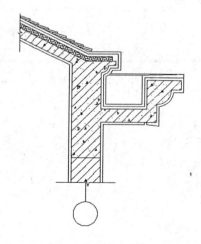

图 5 - 125　修改图形

5.4.2.4　尺寸与文字标注

（1）尺寸标注：单击 ⊢⊣ 逐点标注 ，在竖直方向连续标注各部分高度。

命令：T71 _ TDimMP

起点或 ［参考点（R）］＜退出＞：（点击檐口梁底）

第二点＜退出＞：（单击天沟底部）

请点取尺寸线位置或 ［更正尺寸线方向（D）］＜退出＞：（鼠标点击确定尺寸线位置）

请输入其他标注点或 ［撤消上一标注点（U）］＜结束＞：（连续点击需要竖向标注的位置）

结束本次操作，其他标注同此。

（2）标高标注：单击 ▽ 标高标注 ，在对话框图 5 - 126 中输入相应数值，在图纸适当位置点击，完成标高标注。

图 5 - 126　设置标高参数

命令：T71 _ TMElev

请点取标高点或 [参考标高 (R)] ＜退出＞：（鼠标点击檐口天沟顶部）

请点取标高方向＜退出＞：（鼠标移动选择方向）

结束本次操作。

(3) 文字标注。

单击 引出标注 ，如图 5 - 127。

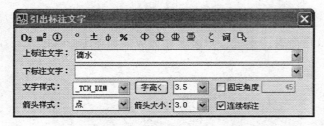

图 5 - 127　输入文字

命令：T71 _ TLeader

请给出标注第一点＜退出＞：（在滴水上点击一下）

输入引线位置或 [更改箭头型式 (A)] ＜退出＞：

点取文字基线位置＜退出＞：

结束本次操作。

(4) 图名标注

单击 图名标注 ，如图 5 - 128。

图 5 - 128　输入图名

命令：T71 _ TDrawingName

请点取插入位置＜退出＞：（鼠标在图纸下方居中点击）

结束本次操作

以上绘制结果见图 5 - 129 所示。

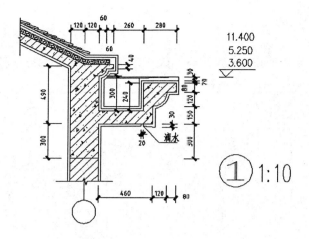

图 5 - 129　尺寸与文字标注

5.4.2.5　添加图框并打印输出

单击 插入图框 ，出现如图 5 - 130 对话框。

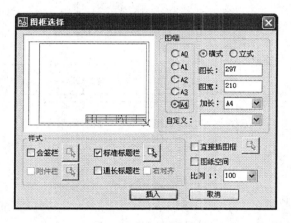

图 5 - 130　选择图框

命令：T71 _ TTitleFrame

请点取插入位置＜返回＞：（鼠标单击确定）

添加 A4 图框，修改文字内容，最后绘制结果见图 5 - 113 所示。

5.4.3　小　结

通过别墅部分详图的绘制，提高了学员对建筑详图的识读能力，能够运用 AutoCAD 和天正软件进行建筑详图的设计。经过反复练习，体现了"做中学"教学模式的优越性，体验到熟能生巧的愉悦心情，直至悟出掌握操作技能与学习知识的有效途径。如果在此基础上再进一步练习几个实例进步会更大。

5.4.4 实训作业

请按图 5 - 131 分别使用 AutoCAD 和天正建筑 TArch 软件绘制别墅部分详图。

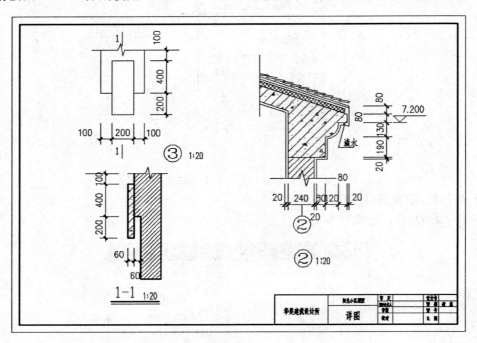

图 5 - 131 别墅详图②③绘制结果

5.4.5 思考题

1. AutoCAD 思考题

(1) 详图如何与其他图对应？图名命名有何规定？

(2) 多段线与直线的区别是什么？二者能相互转化吗？什么情况下需要转化？

(3) 将一条直线由 200 变成 300，分别说明有几种不同的方法。

(4) 试说明旋转角度与倾斜角度之间的不同。

2. 天正建筑 7.5 思考题

(1) 在天正软件中绘制详图的流程是什么？

(2) 如果详图和剖面图在一张图纸上，如何设定图纸比例？

(3) 如果要把图形打印到文件中如何操作？

(4) 如何使用线填充命令来绘制详图图例？

任务 5.5　CAD 图形打印输出

【技能目标】

训练对 CAD 电子图纸的识读、输出能力，能够运用 AutoCAD 打印、输出符合要求的纸质图纸、电子文件。

【知识目标】

灵活运用各种打印命令和设置，了解如何配置打印输出设备、设置打印样式；熟练掌握打印出图时如何设置页面大小、方向、打印范围和输出比例，最终能够按照不同要求实际操作打印图纸和保存为电子文件。

5.5.1　使用 AutoCAD 直接打印图纸

【案例分析】

本任务要求打印小别墅的平面图二张，幅面大小为 A2，比例为 1∶1。学习过程中应充分理解打印要求，抓住打印纸张幅面大小和方向、打印范围、打印比例、打印数量、打印类型等关键信息，选择合适的操作方法，并进行相应的参数设置。

【操作步骤】

打印操作步骤较多，如果结合平面图图纸的一些特点理解起来会变得容易一些，一般可按如下步骤操作进行：（1）打开输出文件；（2）激活打印对话框；（3）在打印机/绘图仪的名称下拉菜单中选择所使用的打印设备；（4）按照输出图形的要求对打印选项进行调整（5）预览打印效果；（6）通过打印预览，确认当前的设置与选择正确与否，确认正确单击"打印"键，否则返回对各项进行修改。

5.5.1.1　打开输出文件

单击 📂 按钮，弹出打开文件对话框，找到小别墅平面图所在的目录，点击左下角"打开"按钮。打开文件对话框如图 5-132 所示。

图 5-132　选择文件对话框

5.5.1.2 激活打印对话框

从模型空间激活打印对话框的方式有三种：

●直接点击打印按钮 🖶 ，打开打印对话框；

●在命令行输入打印命令 Plot 打开打印对话框；

●敲击键盘 Ctrl＋P，打开打印对话框。

打开的打印对话框如图 5‑133 所示。

图 5‑133 打印对话框

5.5.1.3 选择打印设备

打开打印对话框后，在打印机/绘图仪一项下拉菜单中选择所使用的打印机或者绘图仪。如图 5‑134 所示。

图 5‑134 打印机/绘图仪下拉菜单

【疑难解答】

1. 怎样添加打印机？

答：在 AutoCAD 中，配置、添加和管理打印机都在绘图仪管理器中，所以在添加打印机时首先要调用绘图仪管理器。

调用绘图仪管理器的方法有很多种：

（1）在命令行输入"Plotmanager"。

（2）点击菜单"文件"→"绘图仪管理器"，如图 5 - 135 所示。

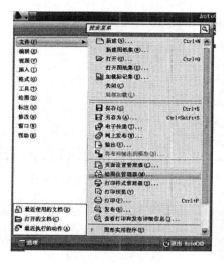

图 5 - 135　绘图仪管理器

（3）点击菜单"工具"/"选项"/"打印和发布"，点击"添加或配置绘图仪"按钮，进入绘图仪管理器，如图 5 - 136 所示。

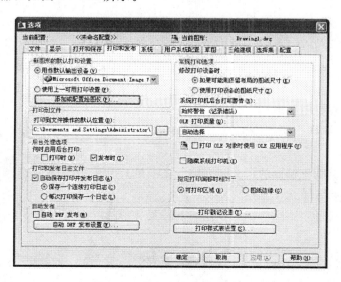

图 5 - 136　打印和发布对话框

绘图仪管理器对话框如图 5 - 137 所示。进入绘图仪管理器后，双击"添加绘图仪向导"图标，添加绘图仪向导引导用户添加和配置新的打印机。添加绘图仪向导对话框见图

5 - 138。

图 5 - 137 绘图仪管理器对话框

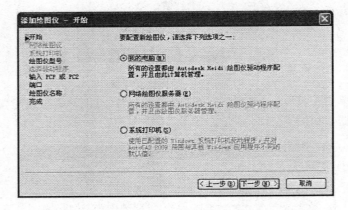

图 5 - 138 添加绘图仪向导对话框

5.5.1.4 调整打印选项

选择好打印设备后，接下来的工作就是按照图纸的实际要求对各个打印选项进行调整，包括：

1. 选择打印机纸张幅面的尺寸和方向。在图纸尺寸下拉菜单中选择纸张幅面的尺寸为 A2，在图形方向区域选择方向为横向。

2. 确定图形的打印范围。在打印范围下拉菜单中选取合适的操作方式，如图 5 - 139 所示。

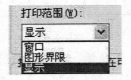

图 5 - 139 打印范围下拉菜单

3. 选择打印样式。此次打印中打印样式选无就可以。

4. 设定打印输出的比例和图形打印原点。打印输出比例在打印比例下拉菜单中，选 1∶1，打印原点一般不设置，默认和设备原点重合。

5. 确定打印数量，在打印份数区域调整，设置为 2。

将所有的打印选项调整完毕后的打印对话框如图 5 - 140 所示。

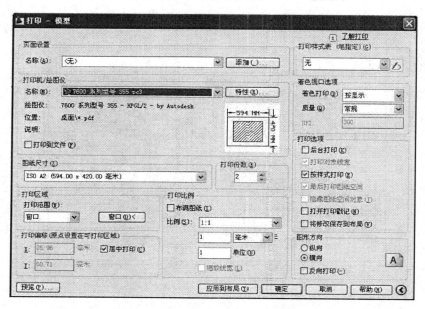

图 5 - 140　调整完毕后的打印对话框

【疑难解答】

1. 打印范围下拉菜单中的三个选项有什么区别？

答："显示"表示打印屏幕上所有显示的东西；"范围"表示打印窗选范围内的东西；而"图形界限"表示打印画图时设置的图形范围内的全部内容。

2. 什么是打印样式？有什么作用？

答：打印样式（Plotstyle）是一种对象特性，用于修改打印图形的外观，包括对象的颜色、线型和线宽等，也可指定端点、连接和填充样式，以及抖动、灰度、笔指定和淡显等输出效果。

打印样式可分为"ColorDependent（颜色相关）"和"Named（命名）"两种模式。颜色相关打印样式以对象的颜色为基础，共有 255 种颜色相关打印样式。在颜色相关打印样式模式下，通过调整与对象颜色对应的打印样式可以控制所有具有同种颜色的对象的打印方式。

命名打印样式可以独立于对象的颜色使用。可以给对象指定任意一种打印样式，不管对象的颜色是什么。

打印样式表用于定义打印样式。根据打印样式的不同模式，打印样式表也分为颜色相关打印样式表和命名打印样式表。颜色相关打印样式表以".ctb"为文件扩展名保存，而命名打印样式表以".stb"为文件扩展名保存，均保存在 AutoCAD 系统主目录中的"plotstyles"子文件夹中。

5.5.1.5　预览打印

在按照打印要求对各个打印选项调整完毕后，点击 `预览(P)...` 按钮，查看一下打印效果是否符合要求，预览效果见图 5 - 141，确认无误后，点击 `确定` 按钮，打印输出。

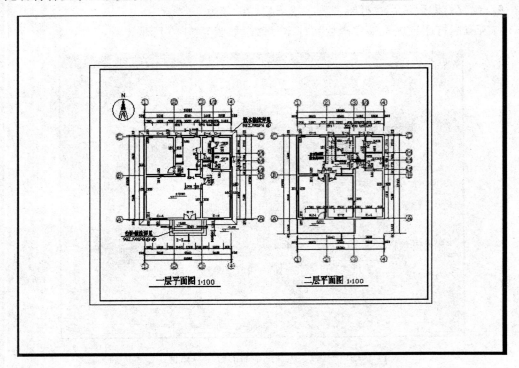

图 5 - 141　打印预览效果

【疑难解答】

从图纸空间打印图纸应怎样操作？

答：从图纸空间打印时，应事先为布局设定打印机、纸张幅面、打印内容和比例。切换到布局后，激活打印对话框时打印范围自动切换到"布局"，单击确定按钮打印。

5.5.2　打印到文件

要求打印面大小为 A2，比例为 1∶1 的小别墅的平面图到文件。

【案例分析】

打印到文件的操作步骤和直接打印操作基本类似，也需要掌握打印要求的基本信息，对打印选项逐个调整，只是在个别打印选项、选项调整上有所区别。

【操作步骤】

打印到文件的操作步骤包括：（1）打开输出文件；（2）激活打印对话框；（3）在打印机/绘图仪的名称下拉菜单中选择所使用的打印设备；（4）在打印对话框中选中打印到文件选项；（5）按照输出图形的要求对打印选项进行调整；（6）预览打印效果；（7）通过打印预览，确认当前的设置与选择正确与否，确认正确单击"打印"键，保存到合适目录；否则返回对各项进行修改。具体操作如下所述。

前3个步骤和直接打印的操作一样，只是在第四个步骤时，在对话框内选中打印到文件，具体操作如图5-142所示。

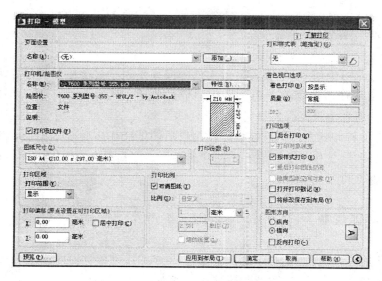

图5-142　选择打印到文件对话框

第5、6操作步骤也与直接打印的操作一样。第7步的区别只是将电子文件保存到相应目录，而非输出纸质图纸。具体见图5-143。

图5-143　打印到文件保存对话框

【疑难解答】

1. 打印范围下拉菜单中的三个选项有什么区别？

答：在某些情况下，画图使用的计算机没有连接打印机，而连接打印机的计算机又没有安装AutoCAD软件，这时就需要创建一个打印文件，用户可以将这个文件复制到外存储器上，或者通过网络直接发送到连接有打印机的计算机上进行打印。

2. 在计算机上怎样打印生成的打印文件？

答：方法有两种：（1）在MS-DOS窗口下输入copy ＊.plt　prn命令；（2）在

Windows 下，打开打印机窗口和资源管理器窗口，从资源管理器窗口中用鼠标选择 plt 文件拖到打印机窗口中。

5.5.3 小 结

通过讲解、练习使用 CAD 直接打印文件的操作步骤，使学生熟练掌握了与打印有关的一些命令和相关打印设置的使用，强化他们的动手能力，加深了对 CAD 的进一步理解，为后面的学习和上机操作打好了基础。

将 CAD 文件打印到文件与直接打印输出纸质图纸操作步骤基本类似，练习的同时也可以复习直接打印的操作步骤，能够熟练掌握操作步骤和命令，同时也要注意二者操作上的细微差别，融会贯通。

5.5.4 实训作业

1. 打印输出三张幅面大小为 A1，比例为 1∶2 的小别墅立面图。
2. 任选一张电子版 CAD 图纸，将其打印到文件。

5.5.5 思考题

1. 采用电子打印的目的是什么？
2. 图形方向中横向和纵向分别在什么情况下使用？
3. 打印比例和实际尺寸之间的换算关系如何计算？
4. 总结打印步骤。

学习情境6　三 维 绘 图

任务6.1　基本三维图形

【技能目标】

能用CAD的三维绘图命令绘制简单的三维图形，能够熟练打开和关闭与三维绘图相关的各种常用工具栏，会用工具栏和输入命令的方法使用三维命令，能以不同的显示方式、从不同的角度灵活的观察一个三维对象。

【知识目标】

理解三维空间和三维坐标系，明白视图、视觉样式、各种正视图、三维轴测图、和透视图的含义，并且能够把这些知识灵活的运用在三维绘制的具体实践中。

【学习的主要命令】

长方体、圆柱、旋转、拉伸、抽壳、布尔运算。

6.1.1　花　瓶

6.1.1.1　图形分析

绘制如图6-1所示的花瓶。

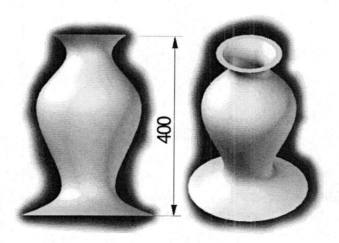

图6-1　花瓶

花瓶除了高度给出了尺寸为400 mm外，其他尺寸没有具体给出，这主要由于花瓶的整体是流线形的，可以参照图中的位置和形状进行绘制。

绘图过程如下：

1. 绘制二维图形：用矩形工具画一个 400 mm×400 mm 的矩形，用来确定花瓶的中心和上下边界位置。再用样条线在合适的位置绘制样条线，以确定花瓶的周围轮廓线。用修剪命令把图形中多余部分剪掉。

2. 用边界命令或面域命令将绘制好的图形转换成边界或面域。

3. 用三维旋转命令以右面的直线为轴旋转，做成一个实心的花瓶。

4. 用抽壳命令抽空后得到如图 6-1 所示的花瓶。

6.1.1.2　操作步骤

1. 操作方法

(1) 单击"视图"工具栏中的"前视"视图按钮，切换前视图为当前视图。

(2) 单击"绘图"工具栏中的"矩形"按钮，在绘图区任意位置单击鼠标，指定正方形的第一点，在命令行中输入"400，400"并按空格键，用矩形工具画出一个 400 mm×400 mm 的正方形。

(3) 单击"绘图"工具栏中的"样条曲线"按钮，参照图 6-2 的位置单击并拖动鼠标，绘制完成后按空格键结束样条曲线的绘制，绘制完成后按空格键结束命令。

(4) 单击"绘图"工具栏中的"样条曲线"按钮，参照图 6-2 的位置单击并拖动鼠标，绘制完成后按空格键结束样条曲线的绘制，绘制完成后按空格键结束命令。本步完成后的图形画面如图 6-2 所示。

(5) 单击"修改"工具栏中的"修剪"按钮，参照图 6-3 对图形中不需要的线条部分进行修剪和删除正方形左面的竖线。本步完成后的图形画面如图 6-3 所示。

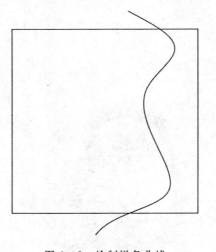
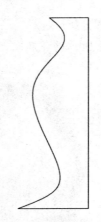

图 6-2　绘制样条曲线　　　　　图 6-3　修剪样条曲线

(6) 选择"绘图"菜单下的"边界"菜单项，打开如图 6-4 所示的对话框，从对话框中选择"拾取点"按钮后，在绘好的二维图形边界内点一下，出现如图 6-5 所示的对话框，从对话框中选择"是"按钮，用绘制好的图形创建一个面域。

图 6-4 边界创建对话框   图 6-5 是否创建面域对话框

（7）单击"建模"工具栏中的"旋转"按钮，提示选择对象时，选择刚创建的面域对象并按空格键，提示指定轴起点和轴端点时分别在图形右边的边界线上捕捉两点，得到一个实心的花瓶对象，不过由于观看角度和视觉样式不合适，可能看起来不象花瓶。单击"视图"工具栏中的"西南等轴测"按钮，再单击"视觉样式"工具栏中的"概念视觉样式"按钮，得到如图 6-6 所示的实心花瓶。

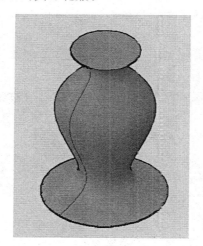

图 6-6 抽壳前实心花瓶效果

（8）单击"实体编辑"工具栏中的"抽壳"按钮，提示选择三维实体时，选择实心花瓶，提示删除面时，选择花瓶的上面（瓶口处），提示输入抽壳偏移距离时，输入 3（花瓶的厚度）。花瓶对象创建完成。

在 CAD 中三维对象创建完成后，在视觉样式中没有特别真实的视觉样式，要使三维对象得到一个比较真实的效果，可以选择"视图"菜单下的"渲染"菜单项对对象进行渲染，图 6-1 中左右两个画面为花瓶对象完成后对前视图和西南等轴测图渲染出的效果。

2. 命令显示

（1）旋转命令

命令：_ revolve

当前线框密度：ISOLINES＝4

选择要旋转的对象：找到 1 个（选择一个对象）

选择要旋转的对象：找到 1 个，总计 2 个（选择第二个对象）

选择要旋转的对象：（对象选完按空格键）

指定轴起点或根据以下选项之一定义轴［对象（O）/X/Y/Z］＜对象＞：（选择旋转轴的第一点）

指定轴端点：（选择旋转轴的第二点）

指定旋转角度或［起点角度（ST）］＜360＞：（直接按空格键，使用缺省角度 360）

（2）抽壳命令

命令：_ solidedit

实体编辑自动检查：SOLIDCHECK＝1

输入实体编辑选项［面（F）/边（E）/体（B）/放弃（U）/退出（X）］＜退出＞：_ body

输入体编辑选项

［压印（I）/分割实体（P）/抽壳（S）/清除（L）/检查（C）/放弃（U）/退出（X）］＜退出＞：_ shell

选择三维实体：（选择一个需要抽壳的三维实体并按空格键）

删除面或［放弃（U）/添加（A）/全部（ALL）］：找到一个面，已删除 1 个（选择实体上需要删除的一个面）。

删除面或［放弃（U）/添加（A）/全部（ALL）］：找到一个面，已删除 1 个（选择实体上需要删除的第二个面）。

删除面或［放弃（U）/添加（A）/全部（ALL）］（被删除的面选完后直接按空格键）。

输入抽壳偏移距离：5（输入抽壳后保留的厚度为 5）

已开始实体校验。

已完成实体校验。

输入体编辑选项。

6.1.1.3 疑难解答

1. 为什么对象旋转后看起来不象三维对象？

答：一般情况下旋转对象是在正视图中进行的，显示样式多为二维线框，初学三维图形绘制，当一个三维对象绘制完成时，需要从不同的角，以不同的显示样式反复观察对象，这时才敢确定对象是不是创建对了。一般切换到等轴测图，或者用三维对象的动态观察器改变观察角度；切换成概念视觉样式后就有真实的三维对象的感觉了。

2. 为什么对象抽壳后看起来和原来没有什么不同？

答：有两种原因容易出现上面的问题。一是在抽壳命令的执行过程中，让选择需要删除的面时，直接按了回车或者空格键，没有指定被删除的实体面，实体虽然被抽空了，但是从外面看不见。二是在图形绘制和抽壳过程中操作者没有数量的概念，指定的抽壳厚度大于实体厚度的一半，抽壳不能进行，操作者又没有注意看命令行的错误提示，这种情况是抽壳操作根本没有进行。

6.1.2　积　木

6.1.2.1　图形分析

绘制如图 6－7 所示的积木。

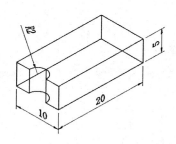

图 6－7　积木

积木尺寸如图 6－7 左图所示，实物效果如图 6－7 右图所示。它是一个 20 mm×10 mm×5 mm 的长方体，将其一端掏一个半径为 2 mm 的半圆形柱形缺口得到的。制作时可以先用长方体工具在顶视图中画一个 20 mm×10 mm×5 mm 长方体。再用圆柱工具捕捉长方体一端的底边的中点画一个半径为 2 mm，高度大于等于 5 mm 的圆柱体。再用布尔运算中的差集运算做出。也可以先用矩形工具在顶视图中画一个 20 mm×10 mm 的矩形。再用圆形绘图工具捕捉矩形一端的中点画一个半径为 2 mm 的圆。然后使用拉伸工具将矩形拉高 5 mm，将圆拉高 5 mm 或大于 5 mm 后用差集运算做出。

6.1.2.2　操作步骤

方法一

（1）操作方法

① 单击"建模"工具栏中的"长方体"按钮，在绘图区任意位置单击鼠标，指定长方体的第一点，在命令行中输入"@20，10，5"并按空格键，指定长方体的对角点和第一点的相对距离为 X 方向 20 mm，Y 方向 10 mm，Z 方向 5 mm。绘制出了一个 20 mm×10 mm×5 mm 的长方体。

② 单击"建模"工具栏中的"圆柱体"按钮，在中点捕捉打开的情况下捕捉长方体左端的中点为圆心，指定底面半径为 2，指定高度为 8（大于长方体的高度 5 以便下一步布尔运算捕捉对象时选择对象更方便选中）。绘制出了一个和矩形一端重叠，半径为 2，高度为 8 的圆柱体。

③ 单击"建模"工具栏中的"差集"按钮，用鼠标选择长方体对象并按空格键，再用鼠标选择圆柱体对象并按空格键。在长方体的一端掏出一个半圆柱形缺口，制作完成。

（2）命令显示

① 长方体

命令：_ box

指定第一个角点或 [中心（C）]：（用鼠便在视口中点一下指定第一点）

指定其他角点或 [立方体 (C) /长度 (L)]：@20，10，5（输入@20，10，5 回车后指定对角点）

② 圆柱

命令：_ cylinder

指定底面的中心点或 [三点 (3P) /两点 (2P) /切点、切点、半径 (T) /椭圆 (E)]：

指定底面半径或 [直径 (D)]：

值必须为 正且非零。

指定底面半径或 [直径 (D)]：2（指定圆柱半径为 2）

指定高度或 [两点 (2P) /轴端点 (A)] ＜5.0000＞：（缺省高度为 5 直接按空格使用 5，输入新值后按空格或回车使用新的指定值）

③ （布尔运算）差集

命令：_ subtract 选择要从中减去的实体或面域（选择长方体）

选择对象：找到 1 个（直接按空格）

选择对象：选择要减去的实体或面域（选择圆柱）

选择对象：找到 1 个（直接按空格）

选择对象：

方法二

(1) 操作方法

① 单击"绘图"工具栏中的"矩形"按钮，在绘图区任意位置单击鼠标，指定长方形的第一点，在命令行中输入"20，10"并按空格键，用矩形工具画一个 20×10 mm 的长方形。

② 单击"绘图"工具栏中的"圆"按钮，捕捉长方形左端的中点指定圆心，在命令行中输入半径 2 画一个半径为 2 的圆。

③ 单击"建模"工具栏中的"拉伸"按钮，选择矩形对象，指定拉伸高度为 5。按空格键再次进入拉伸命令，选择圆对象，指定拉伸高度为 8。用两个二维对象做成两个三维对象。

④ 单击"建模"工具栏中的"差集"按钮，用鼠标选择长方体对象并按空格键，再用鼠标选择圆柱体对象并按空格键。在长方体的一端掏出一个半圆柱形缺口（和方法一中的步骤 3 相同），制作完成。

(2) 命令显示

拉伸

命令：_ extrude

当前线框密度：ISOLINES＝4

选择要拉伸的对象：找到 1 个（选择需要拉伸的对象）

选择要拉伸的对象：（对象选择够后直接按空格）

指定拉伸的高度或 [方向 (D) /路径 (P) /倾斜角 (T)] ＜13.3227＞：（直接按回车拉伸高的为缺省值 13.3227，输入新高度后则使用指定的高度）

6.1.2.3　疑难解答

为什么在拉伸对象时有时候拉伸出来的对象只有一个薄皮，而不是一个实体？

答：这是因为被拉伸的对象不是一个闭合的多段线或面域。在使用拉伸命令将二维对象拉伸为三维对象的时候，低版本的 CAD 要求被拉伸的对象必须是闭合的多段线或者是面域，不闭合的二维线不可以被拉伸。高版本的 CAD 中不是闭合的二维对象也可以被拉伸，但拉伸出来的是一个没有厚度的面，而不是一个三维实体。

6.1.3　相关知识

1. 三维绘图常用工具栏

绘制二维图形时经常用到的"绘图"工具栏、"修改"工具栏、"图层"工具栏、"特性"工具栏是打开的。在进行尺寸标准时，"标注"工具栏也是打开的。在绘制三维图形时也有一些经常用到的工具栏，为了三维绘图的方便，我们应该打开这些工具栏，并且对各工具栏和工具栏上的工具有所了解，各工具栏打开后的外观如图 6-8 所示。下面就对这些工具栏做一介绍。

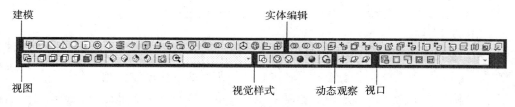

图 6-8　三维绘图常用工具栏

（1）建模工具栏：该工具栏是在三维绘图时最为重要的工具栏，可以用来创建三维对象，如图 6-8。该工具栏中的工具又分为 4 类，从左往右依次为：直接创建三维对象的工具、用二维对象创建三维对象的工具、对多个对象进行布尔运算工具和对三维对象的位置、角度和复制操作的工具。

（2）实体编辑工具栏：该工具栏中的工具可以用来对已经创建的三维对象进行加工和修改。如对三维对象的某个面进行移动、偏移等，对于初学者使用机会比较少。

（3）视图工具栏：使用该工具栏提供的工具可以方便地改变三维对象的观察角度。左边 6 个为正视图，右边 4 个为等轴测视图。

（4）视觉样式工具栏：该工具栏中的工具可以用来改变视口中对象的外观样式，以便绘图者可以更准确地了解对象的真实样子。

（5）动态观察工具栏：该工具栏的功能和视图工具栏中的工具有些相似，也是用来改变观察者和观察对象间的角度的，但是更灵活。当选用该工具栏中的工具后可以随意在视中拖动鼠标来改变视图的角度。

2. 长方体

命令：box

功能：用来创建长方体

选项及使用方法介绍：缺省为第一步指定长方体的一个顶点，第二步指定底面上的对角点，第三步指定高度。第一步可以通过选择选项"C"，修改指定的第一点为长方体的中心点。第二步在指定对角点的时候如果输入的是一个三维坐标，则直接完成长方体的创建，不需要再指定长方体的高度。当第一步完成后如果选择选项"C"则可以通过输入边长的方法直接创建一个正方体；选择选项"L"可以通过输入边长的方法创建长方体。

3. 圆柱体

命令：cylinder

功能：用来创建圆柱体和椭圆柱体

选项及使用方法介绍：前面步骤和操作和二维绘图中，绘制圆和椭圆的方法相同，最后一步为指定圆柱的高度。

4. 拉伸

命令：extrude

功能：用为二维对象指定高度的方法创建三维对象

选项及使用方法介绍：缺省两步完成命令，第一步选择需要拉伸的二维对象，第二步指定拉伸高度。当第一步对象选择完成后，有三个选项可供选择，它们是［方向（D）/路径（P）/倾斜角（T）］。选择选项 D 可以改变拉伸方向；选择选项 P 可以让已选择的对象延着另一个二维对象拉伸；选择选项 T 可以改变拉伸角度。

5. 旋转

命令：revolve

功能：用将一个二维对象沿着某一轴旋转一定角度的方法创建三维对象

选项及使用方法介绍：完成该操作需要 3 步，第一步是选择需要旋转的对象；第二步指定旋转轴，缺省用两点法确定转轴；第三步指定旋转角度，缺省为 360 度。在第一步完成后，第二步执行前有后面选项可供选择：［对象（O）/X/Y/Z］＜对象＞。选择选项 O，或者直接按空格或回车键，可以用选择的直线为旋转轴。选择 X 或 Y 或 Z，则对象以指定的坐标轴为旋转轴。

6. 布尔运算

命令：_ union/subtract/ntersect

功能：用来对两个或多个重叠的对象进行布尔运算，包括三个命令并集、交集和差集

选项及使用方法介绍：这三个命令在执行过程中没有选项可以选择，使用方法比较简单，但是功能非常强大。其中并集和交集的操作过程最简单，只有一步选择对象。操作结果是：并集操作是把选择的所有对象中，只要有一个对象有内容的部分就保留下来，创建出来一个新的对象；交集操作则是将选择的所有对象的重叠部分创建成一个新的对象。交集操作需要两步，第一步选择的对象为要从中减去内容的对象，第二步选择的是需要减掉的对象。

7. 抽壳

命令：solidedit

实体编辑自动检查：SOLIDCHECK＝1

功能：用来抽空一个三维对象

选项及使用方法介绍：完成这个命令需要 3 步，第一步选择需要抽壳的对象；第二步

选择抽壳完成后对象需要删除的面；第三步指定对象被抽壳以后外壳保留的厚度。

6.1.4   小   结

本任务完成了花瓶和积木两个基本三维对象的绘制。在对这两个对象的绘制过程中熟悉了与三维绘图有关的工具栏，它们是建模、实体编辑、视图、视觉样式、动态观察和视口。用到的命令有长方体、圆柱、拉伸、旋转、布尔运算（只用到了差集运算）和抽壳。希望读者能认识这些命令的执行步数和各常用选项的功能和使用方法，以此做为其他三维命令的学习参考。

6.1.5   实训作业

绘制下面三维对象。

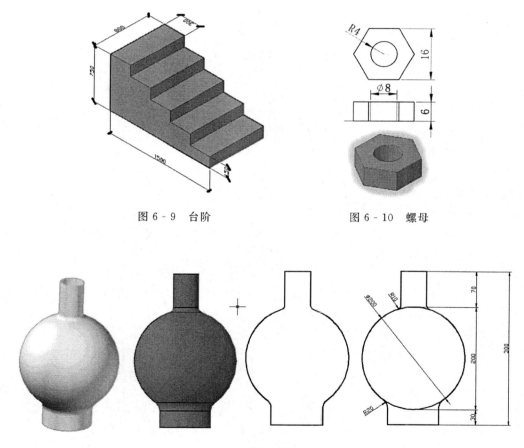

图 6 - 9   台阶   图 6 - 10   螺母

图 6 - 11   花瓶

6.1.6　思考题

1. 旋转命令需要几步完成，在完成该命令时有几个选项可以选择，用该命令可否完成一个半圆形对象的制作。

2. 长方体命令需要几步完成，在执行过程中有哪几个选项可以选择，各选项的作用是什么？

3. 用矩形命令和拉伸命令可否替代长方体命令。

4. 抽壳命令需要哪几步完成，如何操作？

任务6.2 机 械 零 件

【技能目标】

能用 CAD 的三维绘图命令绘制稍复杂的三维图形。会使用修改工具栏的倒角命令对三维对象进行倒角操作。会设置用户坐标系和对三维对象进行尺寸标注。

【知识目标】

熟悉稍复杂三维对象的绘图过程。明白用二维修改工具栏中的倒角命令对三维对象进行倒角时的操作步骤，和命令执行时各选项的作用和设置方法。明白自定义用户坐标系的用途，命令的使用和命令执行过程中各选项的设置方法。

【学习的主要命令】

自定义用户坐标命令、倒角命令、移动命令在三维空间中的使用。

6.2.1 绘制机械零件

6.2.1.1 图形分析

绘制如图 6-12 所示的零件，并参照图 6-12（E）对立体图进行尺寸标注。图中 5 个子图 A、B、C、D、E 分别为俯视图、主（前、正）视图、线框立体效果图、实体立体效果图和的带标注的立体图。

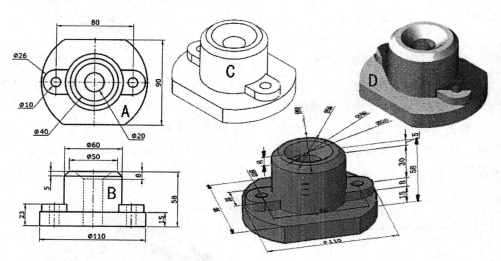

图 6-12 机械零件

零件各部分的尺寸如图 6-12A、B、E。绘制该图可以用两种方法来完成，第一种方法主要用旋转命令来完成，第二种方法主要用拉伸和倒角完成。绘图过程如下：

1. 方法一的绘制过程是：把零件的主要部分看成一个中心轴对称的圆形对象，在前视图中用二维对象画出纵剖面的左边部分后，绕中心轴旋转。非中心对称部分在顶视图中，用二维绘图工具画出底面轮廓后拉伸得到。将两对象对齐并进行并集布尔运算后，再用差集布尔运算掏出圆孔即可。

2. 方法二的绘制过程是：先在顶视图中，画出零件的顶视轮廓线，然后把不同部分按照各自的高度，分别用拉伸工具拉出高度。用并集运算合并相应的对象，用差集运算掏出三个圆孔，用倒角工具对上面的内、外圆棱按实际尺寸进行倒角。

6.2.1.2 操作步骤

方法一

（1）绘图方法

① 单击"视图"工具栏中的"前视"视图按钮，切换前视图为当前视图。

② 用二维绘图工具栏中的绘图工具，在前视图中，按 6 - 13 所示的尺寸绘制出机械零件二维图形。其中左面的直线为轴线，右面的内容必须以一闭合的二维对象作剖面线。

③ 单击"建模"工具栏中的"旋转"按钮，第一步让选择对象时选择右面的闭合的二维对象，第二步让指定旋转点时捕捉左面轴线上的两个端点。旋转度数缺省值 360 度。旋转完成后得到图 6 - 14 所示的三维图形。

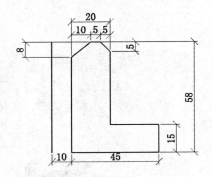
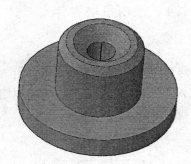

图 6 - 13 机械零件剖面线   图 6 - 14 机械零件三维图

④ 单击"视图"工具栏中的"俯视"按钮，切换到俯视图。在俯视图中用矩形工具和偏移工具绘制如图 6 - 15 所示图形。

⑤ 单击"建模"工具栏中的"拉伸"按钮，将两个矩形拉伸 15 mm。单击"建模"工具栏中的"差集"按钮，用大矩形和小矩形进行差集布尔运算后得到如图 6 - 16 所示的三维图形。

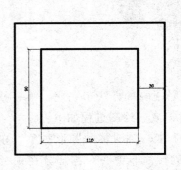
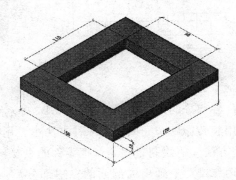

图 6 - 15 绘制两个二维矩形   图 6 - 16 拉伸、差集运算后得到三维图

⑥ 用移动工具，选中图 6 - 16 中的立体图部分（不包括标注），捕捉图 6 - 16 底面的

矩形中心（打开对象捕捉，选择捕捉中点，打开对象追踪），将其移动到图 6 - 14 对象的轴线下端点。用图 6 - 14 对图 6 - 16 进行差集布尔运算后得到图 6 - 17 所示图形。

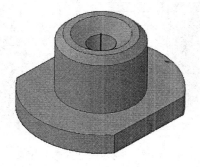

图 6 - 17　差集运算后形态

⑦ 用多段线和圆形工具绘制如图 6 - 18 所示的二维图形。用建模工具栏中的拉伸命令将其拉伸 23 mm 后得到图 6 - 19 所示的三个立体图。

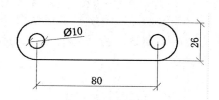

图 6 - 18　绘制二维图形

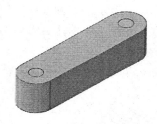

图 6 - 19　拉伸后得到三维图

⑧ 用移动工具，选中图 6 - 19 中的三个立体图，捕捉图 6 - 19 底面中心（需要时，可以添加辅助线），将其移动到图 6 - 17 对象的轴线下端点。先用图 6 - 17 和图 6 - 19 中除两个小圆柱外的对象进行并集布尔运算后，再用得到的对象和两个小圆柱进行差集运算。

⑨ 先切换到俯视图，再切换到某一轴测图，用圆柱工具，捕捉如图 6 - 17 中轴线下端点画一半径为 10 mm，高度大于等于 23 mm 的圆柱。用第八步完成的对象对该圆柱做差集布尔运算。在对象的中心掏透圆洞。

⑩ 删除中心轴线和多余的二维线，绘图完成。

（2）为对象标注尺寸

为三维对象标注尺寸。用 CAD 为对象标注尺寸的时候，只能将尺寸标注在 Z 值为零的 XY 平面上。要进行三维标注，需要用户定义自己的用户坐标系。按照图 6 - 12E 的样子，进行尺寸标注的操作方法如下。

① 为高度标注尺寸。因为图 6 - 13 是在前视图中开始绘制的，并且在绘图过程中，该对象始终没有改变位置，所以可以直接在前视图中标注出对象的高度，方法如下。

单击"视图"工具栏中的"前视"视图按钮，切换前视图为当前视图。按下"对象捕捉"选项卡，且勾选"象限点"选项。用"线性"标注和"连续"标注捕捉相应的象限点进行标注，得到如图 6 - 20 所示的效果。

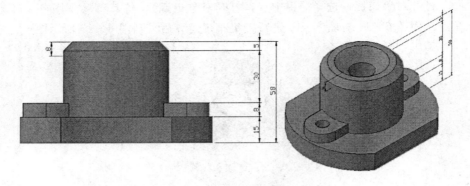

图 6 - 20　前视图高度标注效果

　　② 标注不同高度层面上的尺寸。切换到等轴测图，且用动态观察工具拖动到一个合适的观察角度。输入用户坐标系命令（ucs）后依次点图 6 - 21A 中的 a，b，c 三点，将图形的第一个高度平面设置为 XY 平面，并进行尺寸标注后得到图 6 - 21B 所示的效果。输入用户坐标系命令后依次点图 6 - 21A 中的 d，e，f 三点，将图形的第二个高度平面设置为 XY 平面，并进行尺寸标注后得到图 6 - 21C 所示的效果。输入用户坐标系命令后依次点图 6 - 21A 中的 g，h，i 三点，将图形的第三个高度平面设置为 XY 平面，并进行尺寸标注后得到图 6 - 21D 所示的效果。

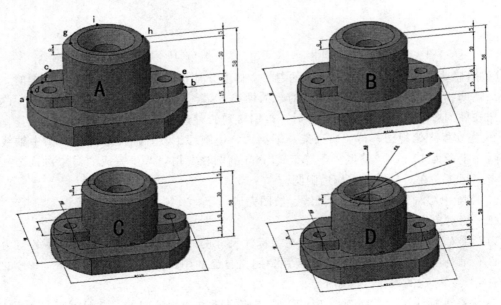

图 6 - 21　不同层面上尺寸标注

　　对零件的三维立体图的标注完成。

（3）命令显示：

自定义坐标系命令

命令：ucs

当前 UCS 名称：＊世界＊

指定 UCS 的原点或［面（F）/命名（NA）/对象（OB）/上一个（P）/视图（V）/世界

（W）/X/Y/Z/Z 轴（ZA）]＜世界＞：（输入或用鼠标捕捉坐标原点位置，确定坐标原点）

指定 X 轴上的点或 ＜接受＞：（输入或用鼠标单击 X 轴上正方向上的任意一点，确定 X 轴正方向）

指定 XY 平面上的点或 ＜接受＞：指定轴起点或根据以下选项之一定义轴［对象（O）/X/Y/Z]＜对象＞：（输入或用鼠标单击 X、Y 平面上的一点，确定 X、Y 平面和 Y、Z 轴正方向）

方法二

（1）操作方法

① 按实际尺寸在俯视图中绘制如图 6‑22 所示的二维图形，且保证各个对象都是一个闭合的二维对象。

② 使用建模工具栏中的拉伸命令，按实际尺寸将不同的对象拉出高度。两个直径为10 mm 和一个直径为 20 mm 的圆是用来掏孔的，高度可以大一些。拉伸完成后的效果图 6‑23 所示。

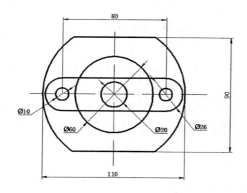

图 6‑22　在顶视图绘制闭合二维图形

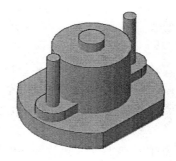

图 6‑23　拉伸后三维图

③ 先用并集运算，将两个半径为 10 mm 和一个直径为 20 mm 圆柱外的所有对象合并为一个对象，然后用合并后的对象对这三个圆柱进行差集运算，掏出三个孔，如图 6‑24 所示。

④ 单击"修改"工具栏中的"倒角"命令，选择大圆柱的上端外轮廓角，两个倒角距离都指定为 5；再次执行倒角命令，选择大圆柱的上端内轮廓角，两个倒角距离分别指定为 10 和 8，建模完成，效果如图 6‑25 所示。

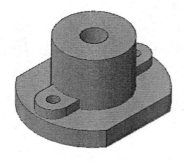

图 6‑24　差集运算完成的形状

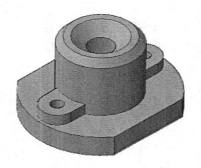

图 6‑25　倒角命令完成后的形状

（2）标注尺寸

标注尺寸的方法和"方法一"相同，不同的是纵向尺寸需要定义一下坐标系。

（3）命令显示：

用二维倒角命令对三维对象倒角

命令：_ chamfer

（"修剪"模式）当前倒角距离 1 = 5.0000，距离 2 = 5.0000

选择第一条直线或 [放弃（U）/多段线（P）/距离（D）/角度（A）/修剪（T）/方式（E）/多个（M）]：

基面选择（选择需要进行倒角的边）

输入曲面选择选项 [下一个（N）/当前（OK）] <当前（OK）>：（直接按空格或回车）

指定基面的倒角距离 <5.0000>：10（输入第一个倒角距离为10）

指定其他曲面的倒角距离 <5.0000>：8（输入第二个倒角距离为8）

选择边或 [环（L）]：l（输入l选择环）

边环或 [边（E）]：选择边环或 [边（E）]：（再次用鼠标选择需要倒角的边）

6.2.2 疑难解答

1. 为什么在给三维对象标注尺寸的时候，标注的尺寸有时看不见？

答：在 CAD 中标注尺寸的时候，只能把尺寸标注在 X、Y 平面上。上面现象可能是标注的尺寸离观察对象很远，没有在视口中显示出来；也可能是标注的尺寸和人的视线方向相同。

2. 为什么在自定义坐标系的时候，定义完成后得到的不是自己所需要的坐标系？

答：定义坐标系的时候一般是用鼠标捕捉空间中的点，而我们所看到的视口是一个平面，在用鼠标指定坐标原点、X 轴正方向和 X、Y 平面时一定要正确捕捉到三维对象上的特定点，如果捕捉位置不对，或者操作步骤错误就会出现这种情况。

3. 为什么在对三维对象进行倒角操作时，输入的两个倒角值和需要的两个倒角值会颠倒？

答：在倒角的第一步选择三维对象上的边棱后，有一个面会变成虚线，表示选择的是这个面，这是倒角时的第一个面，第一个倒角值会出现在该面上，第二个倒角值出现在边棱的另一个面上，要解决这个问题有两个方法：一是在输入倒角值的时候将两个倒角值交换一下顺序；另一个更常用的方法是，在第一步选择三维对象上的边棱时，选择一下选项"N"，将下一个面选为第一个面即可（输入曲面选择选项 [下一个（N）/当前（OK）] <当前（OK）>：n）。

6.2.3 相关知识

在绘制三维图形时，建模工具栏相当于绘制二维对象时的绘图工具栏。而实体编辑工具栏和二维对象中的修改工具栏相似，但该工具栏中的工具大部分是对三维实体的面进行编辑修改的。修改工具栏中的一些命令有的只能对二维对象进行修改，这样的工具有：偏移、修剪、延伸、打断、打断于点、合并 6 个命令。除此以外的命令：删除、复制、镜像、阵列、移动、旋转、缩放、拉伸、倒角、倒圆角、分解 11 个命令都可以用于三维对象。并在对三维对象进行编辑时主要用到的就是这些命令，它们比实体编辑工具栏中的命令用得更多。

除了可以用二维修改工具栏中的工具和实体编辑工具栏中的面编辑工具可以对三维实体进行编辑修改外，CAD 还提供了一些只能对三维实体进行编辑修改的工具，它们有的在建模工具栏中，如三维移动、三维旋转、三维对齐、三维阵列。有的在实体编辑工具栏中，如抽壳、分割等。还有的只能在修改菜单下面找到，如剖切等。

6.2.4　小　结

本任务用两种方法完成了一个机器零件的绘制，方法一主要用旋转命令完成；方法二主要用拉伸命令完成。用到的主要三维操作命令和任务一相同，有拉伸、旋转和布尔运算（差集、并集、交集）。在本任务中学到的新操作主要有两个，一个是自定义用户坐标系，在对三维对象标注尺寸的时候必须用到；另一个就是倒角命令，这个命令虽然在二维绘图的时候学过，但用它对三维对象进行倒角操作时要比二维对象复杂，在操作时要认真看每一步的选项，多练习，认真体会。

6.2.5　实训作业

1．绘制图 6 - 26 所示的零件。
提示：在俯视图中绘制会二维对象后，用三维拉伸、移动、布尔运算和倒圆角完成。
2．绘制图 6 - 27 所示的零件。
提示：在前视图中用多段线绘制出一侧的闭合剖面轮廓线后，用旋转命令完成主要工作。用绘制圆柱，移动、复制、旋转和差集运算掏出上面"十"字形的缺口。

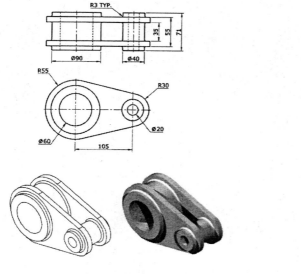

图 6 - 26　机械零件一

图 6 - 27　机械零件二

6.2.6　思考题

1. 布尔运算有几种操作命令，在完成这几种操作命令时在操作上有何异同。
2. 二维倒角命令可否使用于三维对象，在操作上有何不同。
3. 如何实现对三维对象的任意位置进行尺寸标注，简述主要操作过程。
4. 在用布尔运算为对象掏孔时，为什么所减对象圆柱的高度一般做得比原对象高，如果一样高或者比原对象矮可不可以？

任务 6.3　办　公　楼

【技能目标】

能用 CAD 绘制三维建筑图。会使用多段体绘制墙等建筑对象。会使用三维阵列在三维空间中阵列图形。能在三维空间中完成二维空间中常用的操作命令，如移动、复制、阵列等。

【知识目标】

熟悉三维建筑图的绘图过程、方法和常用技巧。熟记多段体中各选项的作用和使用方法。熟悉三维阵列的使用方法步骤。能正确区别常用二维操作工具，如移动、复制、阵列等在三维绘图过程中和用二维绘图的异同。

【学习的主要命令】

多段体、三维阵列。

6.3.1　绘制办公楼

6.3.1.1　图形分析

绘制图 6 - 28 至图 6 - 32 的办公楼平面，各部分尺寸已在图中标出，如有缺少尺寸的地方，可以在绘制过程中自行给出。图形绘制完成后的 4 个正轴测效果如图 6 - 33 至图 6 - 36。

由于本任务所绘制的图形对象稍多，所以在绘制图形前应该先设置好图层，将相应的对象绘制到对应的图层上。

首先在俯视图中绘制出和平面图相同的轴线，以确定墙体的位置。

第二步用多段体沿着轴线绘制墙体，并将墙体合并为一个对象。

第三步用布尔运算掏出门窗。方法是用长方体按照门窗的大小绘制出长方体，用移动、复制阵列等操作，将长方体移动到门窗和墙重叠的位置，后用布尔运算中的差集运算将门窗掏出。在绘制长方体的时候一定要明白当前视图，以及 X、Y、Z 方向，在进行移动、复制阵列等操作时位置一定要正确。如果操作熟练且有相应的捕捉点，可以在轴测图中一次移动到位，但一般情况下需要在相应的正视图中多次移动完成。

第四步是绘制和安装门窗。在绘制门窗时，哪面墙上的门窗最好在哪一个视图中绘制。门窗的绘制一般用多段体完成，也可以用长方体、拉伸、布尔运算等其他操作完成。在放置门窗时为了把门窗放置在门窗洞（口）的中间，最好关闭除了中点以外的所有对象捕捉点，只保留中点，移动时捕捉门窗一个角的厚度的中点，将其移动到门窗洞的相应角的厚度的中点完成。

第五步是剩余其他对象的绘制。用拉伸二维图形的方法绘制地面和楼顶，方法是：沿外墙轴线绘制一闭合的多段线，拉伸出厚度做为一楼地面，向上按房间高度复制（或阵列）生成其他层的地面和楼顶。用拉伸二维图形的方法做散水，方法是：沿外墙轴线绘制一闭合的多段线，并向外偏移一个散宽度的距离，用偏移得到的多段线拉伸做出散水。

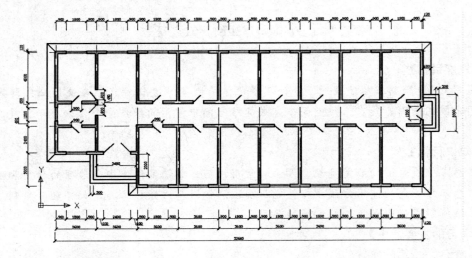

图 6 - 28　首层平面图

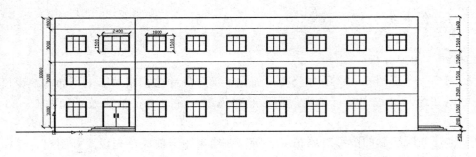

图 6 - 29　南立面图

图 6 - 30　北立面图

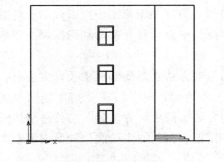

图 6 - 31　西立面图

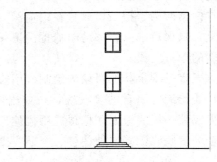

图 6 - 32　东立面图

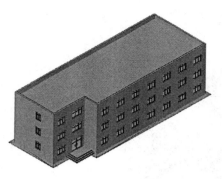

图 6-33　西南等轴测图

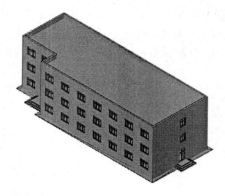

图 6-34　东南等轴测图

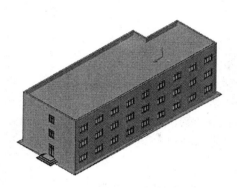

图 6-35　东北等轴测图

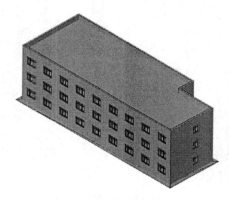

图 6-36　西北等轴测图

6.3.1.2　操作步骤

1. 绘图方法

（1）建立图层、画轴线。新建：轴线、墙体、门窗、散水、地板和台阶 6 个图层。设置轴线层为当前层，用二维绘图工具绘制和平面图相同的如图 6-37 所示的轴线。

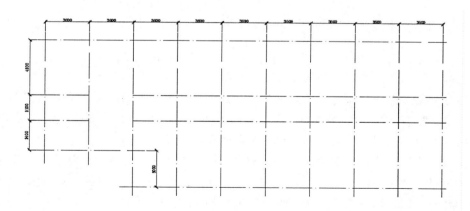

图 6-37　绘制轴线

（2）绘制墙体。设置墙体层为当前层。选择"建模"工具栏中的"多段体"工具，选择"H"选项，将高度设置为 10450 mm；选择"W"选项，将宽度设置为 240 mm，沿着轴线绘制外墙。按空格键再次调出多段体命令，选择"H"选项，将高度修改为 9000 mm 后，绘制内墙。绘制完成后在前视图中选择所有的多段体（不要选择轴线），将其并集运算后合并成为一个对象，完成后如图 6-38 所示。

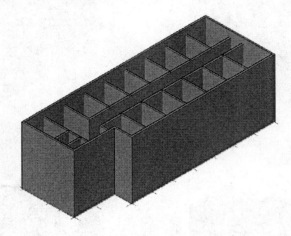

图 6-38　绘制墙体

（3）开门窗洞。用长方体工具在顶视图中画一个 X，Y，Z 分别为 1800 mm、5000 mm、1500 mm 的长方体。分别在俯视图和前视图中用移动工具将其移动到如图 6-39 所示的位置（第一间房、第一层、前面窗户高度的位置，注意不要算错位置，应该把墙的厚度考虑进去）。

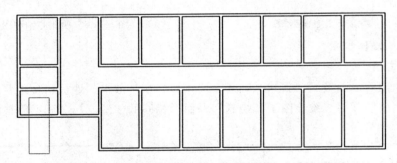

图 6-39　用移动工具将窗户移动到正确的位置

此时俯视图为当前视图。用鼠标单击"建模"工具栏中的"三维阵列"工具，进入三维阵列命令。要求选择对象时，选择刚绘好的长方体，选择矩形阵列，输入行数为 2、列数为 9、层数为 3，输入行间距为 11000、列间距为 3600、层间距为 3000，回车后在每间房的前面和后面墙的门窗位置都阵列出一个和墙重叠的长方体。

选择"差集"运算，用多段体（墙）减去所有长方体后，在每间房的前、后墙的门窗位置都掏出来一个 1800 mm×1500 mm 的窗户（南面第二间屋的三层可以不掏）。

用同样的方法掏出其他地方的门窗，完成后如图 6-40 所示。

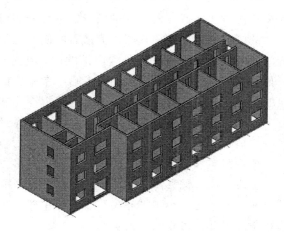

图 6-40 掏完门窗洞后的效果

（4）绘制和安装门窗。设置门窗层为当前层，切换后视图为当前视图。

绘制窗户：在后视图中，用二维绘图工具绘制出门窗的单轮廓线，如图 6-41。用多段体将其绘制成为实体。绘制方法是：单击"建模"二具栏中的"多段体"按钮，选择选项"H"，将高度设置为 50 mm；选择选项"W"，将宽度设置为 60 mm；选择选项"J"，将对正设置为居中；选择选项"O"，选择窗户内部的一条直线，将其转换为多段体。仍然用上面设置，选择选项"O"，依次将内部直线转换为多段体。再次进入多段体命令，选择选项"J"，将对正设置为右对正；选择选项"O"，选择窗户外面的矩形。用并集运算，将所有组成窗户的多段体合并成一个对象，窗户创建完成，效果如图 6-42。

安装窗户：用自由动态观察工具将视图由后视图旋转成一个容易操作的轴测图。用移动工具，将窗户移动到左下角的第一个窗洞中。方法是进入移动命令后，选择窗户，要求指定基点时捕捉窗户左上角厚度的中点，要求指定第二点时捕捉左下角窗户洞的左上角墙厚的中点。将第一个安装好的窗户，阵列 3 行、9 列，设置行、列值分别为 3000、3600，完成后如图 6-43。

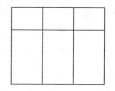

图 6-41 窗户轮廓线

图 6-42 窗框完成后效果

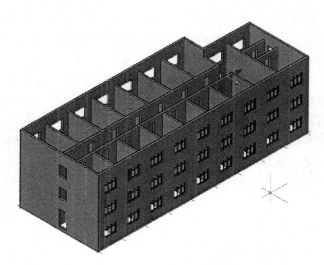

图 6-43 后窗窗户安装完成后效果果

用前面绘制和安装窗户的方法绘制和安装其他门窗。最好绘制后墙窗户的时候在后视图中完成，绘制前视图中的门窗的时候在前视图中完成，绘制左视图的窗户时在左视图中完成，绘制右视图中的门窗时在右视图中完成。楼内部的门，在外面观察时不容易看到，可以不用绘制和安装，如果要安装，最好在前视图或者后视图中完成。安装某面墙上的门窗时，要先切换该方向的正视图，再用自由动态观察工具将视图旋转成一个容易操作的轴测图后再安装，安装时在视线方向上最好不要有和捕捉点重叠或靠近的不需要捕捉的点。

（5）绘制散水、台阶、地板和楼顶。绘制散水：切换散水层为当前层，切换到顶视图和二维线框显示方式，冻结轴线层和散水层以外的其他图层，用多段线沿轴线外墙位置绘制一闭合的多段线。将该多段线向外偏移一个散水宽度 800 mm，删除内多段线。使用拉伸命令对外多段线进行拉伸，方法是：单击"建模"工具栏中的"拉伸"命令，选择刚绘制好的多段线，选择倾斜角选项 T，将倾斜角设置为 85°，要求输入拉伸高度时输入 150，完成后效果如图 6 - 44。

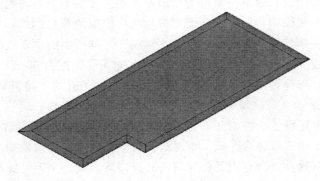

图 6 - 44　散水

绘制地板和楼顶：冻结散水层，解冻地板层，将地板层设置为当前层，沿外墙轴线绘制闭合多段线，用拉伸命令将其拉伸，高度为 100，切换到前视图二维线框显示方式，用移动工具向正上方移动 3000 mm，用复制命令向正上方 3000 mm 复制新对象。得到二、三楼地面（或一二楼楼顶）。切换到俯视图，再在前面位置绘制一条相同的多段线，用拉伸命令将其拉伸 450 mm，切换到前视图用复制命令向正上方 9000 mm 复制新对象，分别做为一楼地板和顶楼楼顶。

绘制台阶：切换到俯视图，用长方体命令绘制 3600 mm × 2000 mm × 450 mm、3900 mm × 2300 mm × 300 mm 和 4200 mm × 2600 mm × 150 mm 三个长方体，在二维线框显示样式下，捕捉每个长方体的右上端点，将其移动到第一、二间前轴线和二、三间房的纵轴线交点处，如图 6 - 45，选中三个长方体，用并集运算将其合并成一个对象，前门台阶完成。用长方体命令绘制 800 mm × 2100 mm × 450mm、1100 mm × 2700 mm × 300 mm 和 1400 mm × 3300 mm × 150 mm 三个长方体，在二维线框显示样式下，捕捉每个长方体的左中端点，将其移动到东门中点处，如图 6 - 46，选中三个长方体，用并集运算将其合并成一个对象，东门台阶完成。

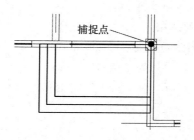

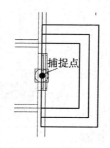

图 6 - 45 前门台阶捕捉点   图 6 - 46 东门台阶捕捉点

2. 命令显示

多段体命令

命令：_ Polysolid 高度 = 50.0000，宽度 = 60.0000，对正 = 居中

指定起点或 [对象 (O) /高度 (H) /宽度 (W) /对正 (J)] <对象>：w 指定宽度 <60.0000>：240 (选择 w 选项将原值 60 修改为新值 240)

高度 = 50.0000，宽度 = 240.0000，对正 = 居中

指定起点或 [对象 (O) /高度 (H) /宽度 (W) /对正 (J)] <对象>：h 指定高度 <50.0000>：9000 (选择 h 选项将原值 50 修改为新值 9000)

高度 = 9000.0000，宽度 = 240.0000，对正 = 居中

指定起点或 [对象 (O) /高度 (H) /宽度 (W) /对正 (J)] <对象>：j 输入对正方式 [左对正 (L) /居中 (C) /右对正 (R)] <居中>：(选择 j 选项原值 <居中> 正确，直接按空格或回车键不做修改)

高度 = 9000.0000，宽度 = 240.0000，对正 = 居中

指定起点或 [对象 (O) /高度 (H) /宽度 (W) /对正 (J)] <对象>：(如果绘制多段体，则指定多段体的起点，如将对象转换为多段体则按空格键或回车键后去选择需要转换为多段体的对象，本次是绘制多段体，用鼠标捕捉多段体的起点位置)

指定下一个点或 [圆弧 (A) /放弃 (U)]：(捕捉下一位置)

指定下一个点或 [圆弧 (A) /放弃 (U)]：(捕捉下一位置)

指定下一个点或 [圆弧 (A) /闭合 (C) /放弃 (U)]：(捕捉下一位置)

指定下一个点或 [圆弧 (A) /闭合 (C) /放弃 (U)]：(捕捉下一位置)

指定下一个点或 [圆弧 (A) /闭合 (C) /放弃 (U)]：(捕捉下一位置)

指定下一个点或 [圆弧 (A) /闭合 (C) /放弃 (U)]：c (选择选项 C 将刚绘制的最后一点和起点闭合)

三维阵列命令

命令：_ 3darray

正在初始化... 已加载 3DARRAY。(进入命令)

选择对象：找到 1 个 (选择一个对象)

选择对象：(直接按空格键，对象已经选完)

输入阵列类型 [矩形 (R) /环形 (P)] <矩形>：(直接按空格键，进行矩形阵列)

输入行数 (---) <1>：＊取消＊

输入行数 (---) <1>：3 (输入 3 表示阵列 3 行)

输入列数（｜｜｜｜）＜1＞：9（输入 9 表示阵列 9 列）

输入层数（...）＜1＞：2（输入 2 表示阵列两层）

指定行间距（－－－）：3000（输入 3000，表示行间距为 3000 mm）

指定列间距（｜｜｜）：3600（输入 3600，表示列间距为 3600 mm）

指定层间距（...）：11000（输入 11000，表示层间距为次 1000 mm）

6.3.2 疑难解答

1．为什么在绘制墙体的时候没有先绘制好二维图形，也没有选择"O"选项，而在绘制窗户的时候却是先绘制好二维对象，然后选择了"O"选项？

答：这是因为在绘制墙体时，已经有轴线确定了墙体的绘制位置，只要捕捉轴线上的关键点，就能够很容易地绘制出墙体了。而在绘制窗户时，窗户的纵向有三个等分格，如果直接用多段体画，不容易确定位置，而用线画可以用点将其进行三等分，这样先用线画出窗户的线框再用多段体将其转换为实体对象更容易些。

2．为什么在绘制墙体的时候没有修改对正选项"J"，而在绘制窗户外框的时候还需要修改"J"选项，将对正修改为右对齐？

答：这是因为在绘制墙体时，对正选项是居中对正，而使用轴线绘制墙体时正好是居中对正，所已就没有修改，而在绘制窗户的时候，窗户的内框线也正好是居中对正，而用来转换成外框的二维对象的尺寸是按窗户洞的尺寸绘制出来的，它是窗户的外部尺寸，如果也按居中对正绘制，这时绘制出来的窗户框在放在窗户洞中的时候，外框就会有一半在墙里面，而只有一半显示出来，而且在安装窗户的时候，不容易确定捕捉点，也就是很难将窗户安装在正确的位置，选择右对正是为了在将线框转换为多段体时其宽度只向内扩大，不向外扩大。

6.3.3 相关知识

1．多段体

多段体是一个和绘制多段线类似的方法绘制体的一个命令。它可以在指定对象的宽度和高度后，用鼠标或键盘绘制长度，且进入一次命令可以绘制任意多段三维对象，最后还可以使用闭合命令绘制出一个闭合的三维对象，特别适合用来绘制墙等对象。它还可以在指定对象的宽度和高度后，将已经绘制好的二维对象直接转换成为三维实体。

进入命令后，显示出原高度、宽度和对正缺省值，显示如下：

命令：_ Polysolid 高度 ＝ 900.0000，宽度 ＝ 240.0000，对正 ＝ 居中

指定起点或［对象（O）/高度（H）/宽度（W）/对正（J）］＜对象＞：

如果不需要修改，可以用和绘制多段线完全相同的方法绘制多段体，如果按一下空格键或者回车键，或者选择"O"选项，则是用选择对象的方法将已经画好的二维对象转换成多段体。如修改高度、宽度和对正的选项分别是选择 H、W 和 J 选项。

2．三维阵列

三维阵列命令是一个可以将一个对象在三维空间中，X、Y、Z 三方向上进行阵列操

作的命令，功能和二维阵列相似，但是操作方式不同，二维阵列是以对话框的形式完成的，三维阵列则和大多数 CAD 命令一样，是由操作者输入选项值一步一步地完成的，一共有 7 步，它的步数虽然多，但是操作很简单也很好懂。这 7 步需要回答的选项分别是，阵列哪一个对象、阵列几行、几列、几层，行间距是多少、列间距是多少、层间距是多少。和二维阵列一样，三维阵列也可以进行环形阵列，但是在建筑制图时很少用到，不再详述。

6.3.4　小　结

本任务完成了一个简单的立体办公楼的绘制。在本任务中用到的新命令是多段体命令和三维阵列命令。用到的其他三维命令是仍然拉伸，和右尔运算，拉伸命令在本任务中使用了一个新的选项"T"，它可以用来修改拉伸对象的倾斜角。在进三维绘图时为了绘制方便，根据需要，应该经常切换视图和改变视觉样式。另外空间想象力也是三维绘图时的一个关键点，如果不能够灵活的在三维空间中进行对象的移动、复制、阵列等操作，就很难完成较复杂的三维图形的绘制。希望读者在学习完本任务后，多加练习，以便掌握更多的三维绘制技巧。

6.3.5　实训作业

按照图 6 - 47 至图 6 - 49 所示的平面图尺寸，绘制平房立体图（内墙、内墙上的门洞和窗户可以根据情况绘制或不绘制），如图 6 - 50 至图 6 - 51。

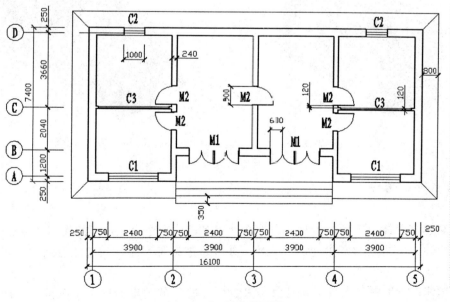

图 6 - 47　平房平面图

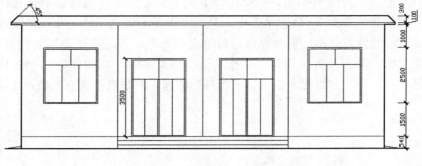

图 6 - 48　平房南立面图

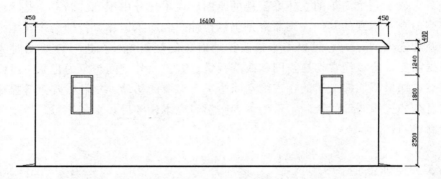

图 6 - 49　平房北立面图

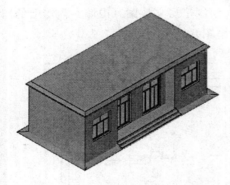

图 6 - 50　平房西南等轴测图

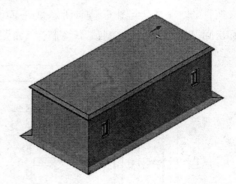

图 6 - 51　平房东北等轴测图

6.3.6　思考题

1. 简述多段体命令的执行过程中，在使用多段体命令时各选项的作用和操作方法。

2. 简述三维阵列的操作过程，在对三维对象进行阵列时，和视图有何关系，应该如何把握。

3. 拉伸命令的倾斜角度的缺省值是多少，随着拉伸角度的增大，所拉出来的三维对象的上表面是增大还是变小。

4. 如何用二维移动命令准确地将一个三维对象移动到具体的位置，根据不同的情况有哪些具体的实现方法？

参 考 文 献

[1] 闫凤英. 计算机绘制建筑图实用教程. 北京：高等教育出版社, 2001.

[2] 中华人民共和国国家质量监督检验检疫, 中华人民共和国建设部. 房屋建筑制图统一标准, GB/T50001 - 2001. 北京：中国计划出版社, 2001.

[3] 刘自强. 计算机辅助设计. 武汉：武汉工业大学出版社, 1999.

[4] 高志清. AutoCAD 建筑设计声像教程. 北京：中国水利水电出版社, 2005.

[5] 刘洪, 符新伟. 中文版 AutoCAD 建筑施工图绘制及应用技巧. 北京：人民邮电出版社, 2003.

[6] 高远. 建筑装饰制图与识图. 北京：机械工业出版社, 2007.

[7] 王志军, 袁雪峰, 张献奇等. 房屋建筑学. 北京：科学出版社, 2003.

[8] 李必瑜. 房屋建筑学. 武汉：武汉理工大学出版社, 2007.

[9] 崔洪斌. AutoCAD 2009 中文版实用教程. 北京：人民邮电出版社, 2008.

[10] 赵武, 刘宪勇, 霍拥军等. AutoCAD 建筑绘图精解. 北京：机械工业出版社, 2008.

[11] 关俊良, 史瑞英, 张重等. 建筑装饰 CAD. 北京：科学出版社, 2007.

[12] 恒盛杰. AutoCAD 2008 中文版建筑设计师基础入门篇. 北京：中国青年出版社, 2008.

[13] 刘德业, 黄惠莹, 谢龙汉. AutoCAD 2009 建筑制图实例图解. 北京：清华大学出版社, 2009.

[14] 曾守根. 阶梯课堂—AutoCAD 2007 中文版建筑绘图. 北京：人民邮电出版社, 2008.

[15] 张跃峰, 陈通. AutoCAD 2000 入门与提高. 北京：清华大学出版社, 2002.

[16] 胡仁喜, 李晓白, 张日晶等. 中文版 AutoCAD 2008 建筑设计标准实例教程. 北京：科学出版, 2008.

[17] 孙海粟. 建筑 CAD. 北京：化学工业出版社, 2007.

[18] 刘培晨, 戈升波, 刘静等. AutoCAD-TArch 建筑图绘制实例教程. 北京：机械工业出版社, 2006.

[19] 刘哲, 刘宏丽. 中文版 AutoCAD 2006 实例教程. 大连：大连理工大学出版社, 2008.

[20] 功宁平, 邓美荣, 陕晋军. 建筑 CAD. 北京：机械工业出版社, 2008.

[21] 吴银柱, 吴丽萍编. 土建工程 CAD. 北京：高等教育出版社, 2006.

［22］贺蜀山．Tarch 7.5 天正建筑软件标准教程．北京：人民邮电出版社，2008.

［23］北京天正工程软件有限公司．TArch 7.5 天正建筑软件使用手册．北京：人民邮电出版社，2008.

［24］大林工作室．TArch 7.5 天正建筑软件实例详解．北京：人民邮电出版社，2008.

［25］李爱军，赵永玲，张日晶．天正建筑 TArch 7.5 建筑设计经典案例指导教程．北京：机械工业出版社，2008.